集成电路信号算法优化与图像处理应用的研究

叶海雄　吴秋峰　金光哲　著

吉林大学出版社

·长春·

图书在版编目（CIP）数据

集成电路信号算法优化与图像处理应用的研究 / 叶海雄, 吴秋峰, 金光哲著. —— 长春：吉林大学出版社, 2020.9

ISBN 978-7-5692-7173-7

Ⅰ. ①集… Ⅱ. ①叶… ②吴… ③金… Ⅲ. ①集成电路—图像信息处理—研究 Ⅳ. ①TN911.73

中国版本图书馆CIP数据核字(2020)第186279号

书　　名：集成电路信号算法优化与图像处理应用的研究
JICHENG DIANLU XINHAO SUANFA YOUHUA YU TUXIANG CHULI YINGYONG DE YANJIU

作　　者：叶海雄　吴秋峰　金光哲　著
策划编辑：李承章
责任编辑：安　斌
责任校对：张文涛
装帧设计：刘　丹
出版发行：吉林大学出版社
社　　址：长春市人民大街4059号
邮政编码：130021
发行电话：0431-89580028/29/21
网　　址：http://www.jlup.com.cn
电子邮箱：jdcbs@jlu.edu.cn
印　　刷：广东虎彩云印刷有限公司
开　　本：787mm×1092mm　　1/16
印　　张：14
字　　数：250千字
版　　次：2020年9月　第1版
印　　次：2020年9月　第1次
书　　号：ISBN 978-7-5692-7173-7
定　　价：76.00元

前　　言

本书共分为 11 章,内容安排如下:

第 1 章简单描述产品投入市场时间、高层次综合、高层次转换的基础知识。

第 2 章介绍自动综合工具技术,并详细介绍 Catapult C 工具软件的综合工作过程。然后与通用处理器做对比,比较算法转换的影响。

第 3 章展示元函数编程技术与 Catapult C 编译器接口的宏定义。

第 4 章详细阐述非递归型滤波器算法优化,以及级联滤波器算法,并与通用处理器做比较。

第 5 章介绍递归型滤波器,分析滤波器稳定性问题,并研究专用集成电路(ASIC)和通用处理器上算法对性能影响。

第 6 章介绍了 Catapult C 高层次综合工具视频算法 $\Sigma\Delta$ 的优化方法。

第 7 章阐述基于 Kuhn-Tucker 理论的图像去模糊迭代算法,提出了基于 Kuhn-Tucker 条件的迭代算法,并在理论上证明了序列可以单调收敛到最小值。

第 8 章展示基于 I-divergence 的全变分图像去模糊方法,提出由 I-divergence 准则和 TV 项构成的 I-divergence 的全变分图像去模糊模型。

第 9 章描述基于几何约束的散焦图像的深度估计模型,提出带有几何约束的散焦图像的深度估计方法。

第 10 章介绍基于判别学习技术的散焦图像的深度估计方法,提出了基于判别测度学习的 DFD 方法。

第 11 章介绍了基于 FPGA 和 DSP 的嵌入式水下图像采集系统的搭建过程。

最后,总结与展望今后集成电路信号算法优化与图像处理应用的相关科研工作。

本书由叶海雄、吴秋峰与金光哲合作撰著。其中叶海雄撰写了第 1～6 章的内容,吴秋峰撰写了第 7～10 章的内容,金光哲编写了第 11 章的内容。由于编者水平有限,书中难免存在缺点、错误,恳请广大读者批评指正。

叶海雄

2020 年 6 月

目 录

第1章 绪 论 ·· 1

1.1 产品投入市场的时间 ································· 1

1.2 高层次综合(HLS) ································· 1

1.3 高层次转换(HLT) ································· 2

1.4 本书的目标 ·· 3

第2章 高层次自动综合与目标架构 ······················ 4

2.1 高层次综合 ·· 4

2.1.1 高层次综合工具的由来 ··················· 4

2.1.2 Catapult C 工具软件 ···················· 5

2.1.3 软件优化或硬件优化 ····················· 8

2.2 评估性能的方法 ···································· 8

2.3 目标架构 ·· 9

2.3.1 XP70 处理器 ····························· 9

2.3.2 ARM Cortex-A9 处理器 ················ 10

2.3.3 Intel Penryn ULV 处理器 ············· 12

2.3.4 其他处理器 ······························ 12

2.4 本章小结 ··· 13

第3章 元函数 ·· 14

3.1 元函数的主体 ······································ 14

3.1.1 部分评估 ································· 14

3.1.2 元函数工具 ······························ 15

3.2 预处理操作 ·· 16

3.2.1 预处理基础 ······························ 16

3.2.2 基本元函数 ······························ 17

3.3 模块化接口设计 ···································· 19

第1章 绪 论

1.1 产品投入市场的时间

产品投入市场时间包括项目或产品开发所需的时间。随着电子产品生命周期的缩短,对企业而言,产品投入市场时间已成为当今的一个重要战略因素。因为缩短产品开发时间可以使企业在市场中有机会取得决定性的竞争优势,快速占领市场,提高其盈利能力。

芯片的半导体工艺技术根据摩尔定律每 $18 \sim 24$ 个月变化一次。因此,在规定周期内,使用新架构,开发、验证与实现新的应用程序是十分必要的。为了确保产品投入市场时间不变,或减少时间,半导体开发团队的开发难度越来越大,必须通过改变开发方式以缩短软、硬件开发时间。

本书的部分工作是在知名半导体企业进行的。作者开发并集成了专用集成电路的音频视频编/解码器 MPEG 和 H264,用于机顶盒、智能手机或平板电脑中。

1.2 高层次综合(HLS)

本书的目的是提出一种方法与工具以加速实现硬件中复杂视频流处理算法。这些视频流处理算法通常使用 C 或 C++等高级语言描述并通过包含算法本身以及其他组件的仿真链进行验证。

图 1.1 展示了 C++语言中用于验证由天线发送与接收视频流算法的完整环境,并在硬件电路中实现。使用高级语言是必不可少的,它能够获得可接受的仿真性能。即允许 4h 内仿真 1.5s 的实际传输数据。而在其他仿真器中可能需要模拟更多时间的传输数据才能正确验证算法。

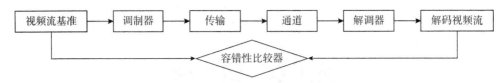

图 1.1 视频流解调器的仿真环境

一旦算法被验证,架构的研究确定电路哪些部分要在嵌入式处理器上简单地执行,哪些部分需要硬件去实现。而在硬件部分中实现的元器件可以翻译成合适的 RTL 描述语言。

为了得到硬件结果,需要多个步骤,如图 1.2 所示。包括计算逻辑和控制逻辑之间的分离、从浮点算术计算转移到定点算术计算、硬件组件的接口定义、计算顺序、资源分配,并输出 RTL,同时需要考虑电路面积、性能和消耗等约束限制。最后,必须通过形式验证或重用原始仿真环境,验证所获得的 RTL 代码功能的准确性。

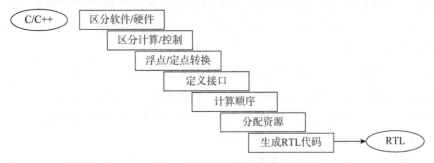

图 1.2 高层次综合流程

目前存在一种高层次综合工具(HLS)的软件解决方案,允许在某些条件约束下或多或少地自动执行一些中间步骤。当该解决方案应用于数据计算部分时,算法中已经使用定点类型的变量与标准化接口,故非常有效。

上述综合工具软件与传统编译器一样,能够执行越来越多的软件优化,例如展开循环与软件流水线操作。在使用综合数据流架构的情况下,具有很大的影响力。

1.3 高层次转换(HLT)

随着编译器不断发展,特别是在多核处理器的并行化与 SIMD 处理器向量化能力方面,一些算法转换仍然无法自动实现。这是由相关语义缺乏造成的,但可以通过扩展语义以解决。目前使用扩展语义的方法相当活跃。

高层次转换根据复杂程度的不同,可以分为三类。

在最简单的层面,涉及数学表达式重写。整数或浮点数的数学表达式可以被分解以便更快地获得计算结果。问题是上述表达式转换会影响计算的精度及可重复性,因为计算是以有限的精度完成的。

第二层面,涉及信号与图像应用领域相关的代数变换,该变换将基于数学属性知识以简化运算操作。例如,二维卷积分解成两个一维卷积。Spiral 项目(www.spiral.net)可以直接为特定快速傅里叶变换生成优化代码,该代码将比通用代码的性能好很多。

第三层面是需要为中间计算步骤分配额外内存空间。一种非常常见的情况是,在图像中,计算矩阵中多个点的任何复杂操作。

上述转换可以向开发者阐述以便开发者在不同情况下实现电路开发。

1.4 本书的目标

本书的目标是定义一种方法和工具,以提高电路设计中的自动综合效率。初步想法是依靠 C++语言的元编程功能,并使用特定算法链的描述,通过高层次转换执行该算法链的分析与优化。

关于分析部分,在具有 C++通用编译器的工作站上设计和验证用于相关架构的可综合算法代码。

关于优化与综合部分:

· 提出了一种 C++语言编写方法,允许更好显式或隐式地区分代码中计算与控制部分,而不牺牲代码灵活性、仿真性能或硬件综合结果质量。

· 定义高层次综合工具中与软、硬件算法描述相兼容输入与输出接口,允许在仿真链中用相近的硬件算法描述替换全部或部分算法。

· 在处理链描述相关联的图表中实现高层次算法转换。首先手动进行这些转换,并封装在元函数编程中。

上述方法将在代表性的信号和图像处理算法上得到验证。

第 2 章   高层次自动综合与目标架构

本章由两部分组成。第一部分介绍高层次综合工具的使用方法以及集成电路设计方法，高层次综合设计方法能够有效替代传统的集成电路设计方法，缩短电子产品的开发周期，同时能够迅速有效地评估电路的面积与能耗，从而使电子产品能够迅速投放市场，为企业带来经济效益。第二部分介绍高层次综合转换在三个通用处理器的应用。

2.1   高层次综合

2.1.1   高层次综合工具的由来

半导体集成电路设计语言通常使用 VHDL 或 Verilog 两种语言。VHDL (very high speed integrated circuit hardware description language)语言，又称为集成电路高速设计语言，是由美国国防部发明的。它在语法上接近 Ada 语言。另一个设计语言 Verilog 语言是由 DoD. Verilog 先生发明，并以他的名字命名。该语言由 Cadence 公司继续开发，在语法上近似于 C 语言。使用上述两种语言实现硬件电路设计明显比寄存器级别(RTL)的电路设计更加抽象。

更为重要的是，在 SystemC 语言基础上开发了具有面向对象特征的高层次综合语言库，包括总线、算术逻辑单元、内存、处理器等。SystemC 语言能够理解电路架构，同时能够快速仿真得到基于不同架构的电路。

高层次自动综合，或称为 HLS，是一种大规模集成电路新的设计方法。旨在减少从算法抽象描述级至硬件寄存器描述级的中间步骤数量。它也称作 C 综合，是因为它使用 C 语言或者是 C 语言的子集。部分高层次综合工具接受 C＋＋语言，因此在该领域的研究是非常活跃的[1-8]。

高层次综合主要有以下方面的优势：

·电路设计速度快与迅速实现原型机。使用高级语言编写代码，算法上更容易、更快捷。通过高层次综合工具开发新的 IP(知识产权)的时间比 RTL 级别中书写代码的时间快 2 到 3 倍。而新设计的 IP 核可重复使用。

· 协同仿真:设计者可以通过添加一层包装代码以执行软件/硬件协同仿真,使用 SystemC 执行功能仿真。

· 仿真时间:高层次综合仿真时间与验证时间至少比 RTL 级快 10 倍。而复杂系统在 RTL 级的仿真时间甚至更长。高层次综合工具可以快速评估电路面积、功耗、能耗等特性。

目前市场上存在多种高层次综合仿真工具,包括企业的商业化工具与高校推出的研究型工具。

商业化工具包括:Calypto 公司的 Catapult C 工具[9,10];Synfora 公司的 Pico 工具[10];Forte Design 公司的 Cynthesizer 工具[11];Critical Blue 公司的 Cascade 软件[12]、Synphony-C-Compile 软件[14]、C-to-Silicon 软件[14] 与 Bleupec 软件[16]。当然还有 Matlab-VHDL 综合方法[17]。

高校推出的高层次综合工具包括 Gaut 软件[18,19]、GraphLab 软件[20]、Spark 软件[21]、Compaan/Laura 工具[22]、ESPAM 软件[23]、MMAlpha 工具[24]、Paro 工具[25]、UGH 工具[26]、Streamroller 工具[27]、xPilot 软件[28] 与 Array-OL 软件[29,30]。

Compaan、Paro 和 MMAlpha 工具专注于循环迭代的高效编译,并使用多面体模型进行分析和转换。Array-OL 软件最初是为常规算法开发的,因其需要数组操作,故它的名称为 array oriented language。近年来发展到能够在分布式和硬件异形架构上部署应用程序,并生成 VHDL 语言[31]。

现在将详细介绍 Catapult C 工具软件,因为该软件已用于公司的产品研发中。

2.1.2　Catapult C 工具软件

SystemC 仿真系统存在一个主要缺陷,即某些元器件无法综合。必须花费更多时间,采用 VHDL 或 Verilog 语言以描述架构,这违背最初的设计目标之一,即缩短电子产品设计开发时间。高层次综合也存在同样问题,因为某些 C 语句的结构不可综合,通常与指针的使用有关,例如别名指针和函数指针。为解决此问题,Catapult C 工具软件采用 C 语言的子集。同时为了指导开发者使用工具软件,Calypto 公司提出了 Catapult C 的类。

2.1.2.1　Catapult C 的类

整数与定点计算有两类:

· 对于无符号的 W 位整数,采用 ac_int $\langle W, \text{false}\rangle$ 类型,对于有符号整数,采

用 ac_int⟨W,true⟩类型。

· ac_fixed⟨W,I,sign⟩类型用于在 W 位编码的定点整数,其中 I 位用于小数部分,即 $Q_{w.1}$。

复杂模板 ac_complex⟨T⟩类型,可以使用 C 语言中(int,float)类型或 Catapult-C 中(ac_int,ac_fixed)类型进行参数化。

目前还需要浮点类型 ac_float(W)。此类允许将浮点计算与定点计算集成到设计流程中。

如果数组可以用循环迭代操作表示,目前存在实现数组数据读取的 FIFO 类,即 ac_channel⟨T⟩类,该类型提出了在读写流中确保读写顺序的方法。

2.1.2.2 软件优化

与普通编译器优化一样,Catapult C 硬件编译器必须能够有效地执行最重要的软件优化。

优化操作可分为三类:高层次转换、软件优化与硬件优化。

高层次转换,也称为特定领域应用转换,例如信号或图像处理领域的转换。最常见的例子是可分离式滤波器的分解以及滤波器计算中的因式分解,这些优化操作能降低计算复杂程度与内存存储器访问次数。上述不同的算法转换将在接下来的每个章节中逐步呈现。

软件优化主要[32]是展开循环迭代、循环移位寄存器与软件流水线操作。Catapult C 工具软件中存在软件优化。关于循环移位寄存器,Catapult C 软件首先能够执行循环移位寄存器操作并产生 RTL 代码,而且理解 C 代码中的循环移位寄存器之间或内存存储器数组之间的语义。在此情况下,循环复制操作是并行执行,而执行循环迭代消失,即没有创建状态机以实现循环。当循环迭代被编译器事先预知时,Catapult C 工具软件可以完全展开循环。上述不同优化的标准案例应用在 Catapult C 蓝皮书中已经详细阐述[33]。

硬件优化主要涉及不同内存存储器的互连与访问。内存存储器可以是单端口(SP),即允许每个时钟周期访问内存一次。或是双端口,每个时钟周期允许访问内存两次。本书将使用 65nm 技术的单端口与双端口内存存储器。

当每个周期需要两次以上的内存存储器访问时,将使用单端口交错内存存储器。使用 C 语言创建的状态机能够自动寻址并集成在 Catapult C 设计流程中,在电路综合设计时,需要考虑状态机的面积、功耗等成本。

Catapult C 软件默认的优化目标是面积优化与功耗优化。这使设计者需要考虑软件和硬件优化。

在 Catapult C 软件中,需要提供 C 或 C++代码并指定最低工作频率。默认情况下,Catapult C 软件几乎可以自动探索所有参数,稍后会调用此模式,称为自动模式。设计者只需控制一个参数:即启动间隔时间 ii 值。ii 值是指两次循环迭代启动之间的时间。假设数据流操作经常发生,所有迭代具有相同的启动间隔时间。因此,两次循环迭代开始的时间差等于两次相同循环迭代结束的时间差。

可以观察到启动间距时间对所综合生成电路面积、速度与能耗等特征产生影响。如与软件流水线一起使用,这是高层次综合的关键优化。

2.1.2.3 启动间距时间

例如,计算 t 函数,$t=a+b+c+d$(例子来源于[33]),需要使用两输入加法器。假设在设定频率下,每次加法需要一个时钟周期。根据启动间距时间(ii),得到图 2.1 中的三种情况。

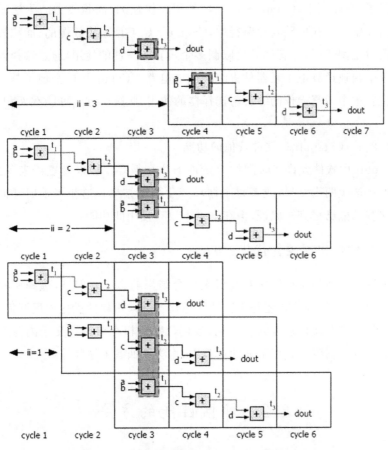

图 2.1 展开软件流水线与启动间距时间值 ii

在第一种情况下,当 ii＝3 时(图 2.1 上部),单个加法器足以实现 t 函数,每个周期做一次加法运算,并通过选择器选择输入数据,重新使用加法器,三个时钟周期完成 t 函数的计算。在第二种情况下,当 ii＝2 时(图 2.1 中间),需要两个加法器,第一个加法器计算中间结果 t_2,第二个加法器计算 a 和 b 的值。最后,在第三种情况下,当 ii＝1 时(图 2.1 下部),需要三个加法器完成计算。

该操作具有 VLIW 处理器软件流水线,例如德州仪器公司的 C6x 系列 DSP,其中四个加法器和两个 32 位乘法器,完全展开流水线并允许每个周期执行六个操作。在具有超标量功能的通用处理器中,当然可以展开软件流水线,但需要通过数组索引方式使用内存存储单元写入数据。编译器负责实现设置标量化寄存器。

现实中,Catapult C 软件实现了电路整体优化,其中包括共享资源。为了实现多次相同的加法、乘法操作,Catapult C 工具使用不同性能、面积的电子元器件。这也解释了,在高频下,Catapult C 工具采用较快速的、面积较大的乘法器在电路的关键路径中。而在电路其他路径中,Catapult C 工具采用较慢的、面积较小的乘法器。同时也阐述了,尽管低 ii 值限制多个运算元器件的使用,通过选择器重复选择使用单个快速运算电子元器件去综合生成电路。Catapult C 实现了整个电路的整体优化。单个运算操作的综合与选择器的使用,此解决方法可能在面积、功耗上更明显。

2.1.2.4　Catapult C 软件其他的功能

Catapult C 软件允许在时间约束条件下执行循环。可以设置约束条件,使以每两个循环产生两个结果,或者每个循环产生两个结果。这相当于展开循环迭代两倍。这些功能已得到了验证,但在本书中没有使用此功能。

2.1.3　软件优化或硬件优化

本书旨在评估高层次转换对高层次综合结果的影响。但是,选择哪种优化类型最有效,是进行软件优化还是进行硬件优化?是采用软件优化中展开循环优化,还是硬件优化中双端口快速内存优化,或创建状态机在单端口交错内存存储区中执行多次读取数据呢? 在接下来的章节中,将尝试回答上述问题。

2.2　评估性能的方法

本书中评估性能的环境如下:通过采用 CMOS 65nm 工艺库与 Catapult C 软

件以综合生成 RTL 代码。在不激活 Catapult C 工具中通过减少时钟门控以减少电路消耗损失功能前提下，使用 Synopsys 公司的 Design Compiler 软件估算电路面积与功耗。最后，假设电路连续工作，也就是说实现计算需要所有可用的时间，并且总功率是动态功耗和静态功耗之和。因此，在该时间间隔内消耗能量是时间与总功耗的乘积。

接下来将探索各种参数配置，以分析不同情况下多种配置的影响。条件是工作频率的范围从 100 到 600MHz，步长为 100MHz，ii 值的范围从 1 到 8，自动模式由 Catapult C 软件自主选择。

2.3　目标架构

使用三个通用处理器以评估上述转换的影响。三个处理器分别是 XP70 微控制器/微处理器、德州仪器公司的 OMAP4 实例中 ARM Cortex-A9 处理器与英特尔公司的低功耗 Penryn SU9300 处理器。

2.3.1　XP70 处理器

2.3.1.1　XP70 处理器内核

XP70 为具有 32 位精简指令集的低功耗专用微处理器。在 CMOS 65nm 工艺下，最高工作频率为 450MHz，面积约为 40kgate。它具有硬件循环计数器、紧密耦合程序存储器（TCPM）和紧密耦合数据存储器（TCDM）。访问内存延迟时间可设置为 1、2 和 10 个时钟周期，总线的长度为 64 位。它还有浮点运算扩展、多媒体信息处理扩展和 64/128 位向量扩展用于单指令多数据流结构（SIMD）[34]等多个硬件扩展模式。它同时具有流水线功能，步骤为 7 个指令：取址、解码、执行、内存 1、内存 2、回写。

2.3.1.2　XP70 处理器扩展指令

XP70 扩展指令为：

（1）FPx：符合 IEEE754 标准的 32 位浮点扩展指令，该指令具有进位单模式（默认为进位），结果没有归一化。

（2）MPx：用于 16、32 和 64 位的 $Q_{1.63}$、$Q_{1.31}$ 和 $Q_{1.15}$ 定点运算的多媒体扩展指令，同时也可用于饱和运算与 Viterbi 加速器。

（3）VECx：用于计算 64/128 位的 SIMD 向量扩展指令。

VECx 扩展指令是针对信号处理中低功耗多媒体嵌入式应用领域设计的。它的指令集非常丰富,基本指令有读取/保存指令、算术指令、比较指令和混合数据指令,还有 16 位累加指令、求平均值指令等。当做滤波计算时,专用指令用于完成 16 位乘加运算、进位并输出 8 位的计算结果,即 $acc16 = h8 \times h8 + acc16$,$y8 = (acc16 + 128) \gg 8$,数据计算十分高效。

在最小化面积与能效的目标中,SIMD 的加载和保存指令是 64/128 位。加载指令从存储器读取 64 位(8×8 位)并将它们存储在 128 位寄存器(8×16 位)中,即进行 8 位至 16 位转换。保存指令的机制恰恰相反。

该操作避免加入转换指令(包含 8 位数据的寄存器与含零的交错寄存器用于 8 位无符号数据或位的扩展)。这使代码更加紧凑。如果加载指令加载 128 位(16 位×8 位),则必须有两个寄存器用于存储 16 个 16 位的数值。这意味着双重计算代码以及需要具有两倍大的内存存储器空间。这种架构方法在 Neon 处理器中出现,在 Altiec、SSE 与 AVX 中不存在这种方法。如果上述描述导致性能问题,仍然可以展开 2 倍大的循环,并掩盖部分指令的延迟时间。

在 CMOS 65nm 工艺下,它的最高工作频率为 420MHz,面积约为 190kgate,或为 $0.42cm^2$。直接测量 VECx 功耗的任务是困难的,结合经验数据,本书假设 XP70 微处理器与 VECx 扩展面积的比值与其功耗的比值相关联,即功耗的比值为 $190/40 = 4.75$。并在文献[35]中展示工作环境。

2.3.2 ARM Cortex-A9 处理器

ARM Cortex-A 系列处理器在嵌入式领域,如绝大多数高端智能型手机和平板电脑中,被广泛使用。与 ARM 提供的参考数据相比,处理器实际上以片上系统 SoC 实例化。苹果、三星、HTC 与谷歌等手机制造商和高通、德州仪器、意法半导体等 SoC 系统设计公司之间的商业竞争,没有提供准确的使用数字。但对于相同的设计,工作频率是可变的,高速缓存 L_1 和 L_2 的空间大小可以不同。

用于此次基准测试板卡是工作频率为 1.2GHz 的 Pandaboard-ES 板卡,使用德州仪器的 CMOS 45nm 的 OMAP4 4460 处理器。之前在 1GHz 情况下,所使用的 OMAP4 4430 板卡功耗平均值是 1W。假设片上系统的功耗为 1.2W,即使在 SIMD 单元上进行计算也是如此。

除了低功耗之外,上述处理器还具有预先指令,该指令能够有条件地改变寄存器的状态,在每次算术运算之后确定位置。程序片段对应于基于欧几里得减法算法的两个整数的 GCD 的计算算法(见表 2.1)。此代码是通用精简指令集处理器的最差代码的一个很好示例,因为两个整数的更新是通过 if-then-else 控制结构完成的,并且循环迭代次数并不能确定。因此此代码执行时间是指令延迟时间的总和,必须等待每次比较结束才能执行减法操作。

表 2.1　基于欧几里得减法算法

算法:
1. int gcd(int a,int b){
2.　while(a! =b){
3.　　if(a>b){
4.　　　　a=a-b;}
5.　　else{
6.　　　　b=b-a;}
7.　}
8. retrun a;}

程序片段表 2.2 对应于之前的 C 代码。可以看到三个分支指令 B,用于测试 true 和 false 条件,以及用于循环的 BEQ 指令。传统编译器的优化是通过掩盖分支指令的延迟,同时使用等于其延迟数量的周期分支指令(此处为 3)来实现的。此处是不可能的,因为 false 条件(lt 标签)不包含上述两个指令。

表 2.2　基于欧几里得减法算法汇编语言

算法:
1. gcd CMP r0,r1
2.　　BEQ end
3.　　BLT lt
4.　　SUB r0,r0,r1
5.　　Bgcd
6.　it　SUB r1,r1,r0
7　　Bgcd
8. end

使用预先指令预测分支延迟消失问题见表 2.3 所示代码片段。需要注意的是,在优化版本中,BNE 分支指令将在两次减法之前隐藏延迟时间。

表 2.3　基于欧几里得减法算法使用条件执行指令的汇编语言

算法:
1. gcd CMP r0,r1
2.　　　BBGT　r0,r0,r1
3.　　　SUBLT r1,r1,r0
4.　　　BNEgcd
5. end

2.3.3　Intel Penryn ULV 处理器

SU9300 超低压 Penryn ULV 是 Intel 公司针对高端超级笔记本电脑市场研发的低功耗处理器。采用 45nm 工艺技术,标准时钟频率为 1.2GHz。因此,其性能可与 Cortex-A9 的性能直接相媲美。为了将其与 XP70 处理器进行比较,将采用校正因子方法以考虑工艺技术的差异。

它属于第一代 Intel 酷睿架构,可以运行高达 SSSE3 的 SIMD SSE 指令集。这很重要,因为在这个版本的 SIMD 指令集中,非对齐向量的计算(参见非递归型滤波器章节)是用一条指令_mm_alignr_epi8,而不是三条指令完成的。正如在 SSE2 和 SSE3 中的情况下,寄存器左右 128 位移位并进行位与位之间的逻辑"或"组合。基于此,相比之前处理器,已得到明显的改善。

最后,它的功耗是 10W。如果与 Cortex-A9 的性能相比,是否具有相同的数量级呢? 也就是说,如果存在硬件优化,即许多旁路流水线,预测连接,缓存预取,SIMD 命令速率为 1,Cortex-A9 SIMD 指令速率为 2,是否可以弥补处理器体积与功耗的差异呢? 但需注意的是,这里没有考虑到缓存的大小,即 2M 的缓存 L_2 与 Cortex-A9 的 512k 缓存这一事实。

2.3.4　其他处理器

其他处理器已经被评估。特别是专用处理器,如德州仪器的数字信号处理器 DSP C6x。上述处理器消耗很少的能量(90nm 工艺技术为 1W),配备 32 位微型 SIMD 子字并行,能够无约束执行每个时钟周期两次访问内存存储器。根据版本不同,内存由 32 位或 64 位字节组成,但允许在同一个字节上进行两次 8 位并行访问,而不会对数据总线造成损失。最后,C66x 处理器是多核的,这使得它在嵌入式领域的密集型计算任务中更具竞争力。出于时间原因,本书没有对此 DSP 系列进行评估。

2.4　本章小结

本章介绍了高层次自动综合(HLS)的目标,特别是 Calypto 公司的 Catapult C 工具,该工具实际用于集成电路的开发。为评估高层次转换的影响(将在下面应用章节中详细介绍),三种通用处理器被提出。与通用元器件相比,其有助于定位 ASIC 的性能。

第 3 章 元函数

在基于 Catapult C 软件特性与相关代码优化的基础上,本章介绍自动执行 FIR 滤波器代码生成策略。首先介绍广义元编程的一般规则,然后重点介绍预处理器的元编程。最后,详细阐述 Catapult C 软件工具如何实现代码。

3.1 元函数的主体

元编程的定义是在合适的系统中编写能够提取、转换和生成代码片段以满足特定需求的新程序。元程序最简单的应用案例是编译器能够从给定语言的代码片段中提取信息并生成新代码。在实践中,通常有两种类型的元编程系统。

(1)代码分析/变换器,使用程序结构与环境以计算新的程序片段。例如 PIPS 工具[36];

(2)程序生成器。其用途是解决已知模型一系列相关转换问题。为此,系统可以生成一个能够解决问题的新程序。该新程序能够解决特定实例并针对该实例进行优化,更精确地区分传统编译中静态生成器与即时执行生成器,也称之为多阶段编程[36]。

主要优点是元编程允许从一般计算机语言描述情况与所面对的问题中,生成性能更高的新程序。根据经验,这种性能的提高与程序初始中静态评估的元素数量成正比。

3.1.1 部分评估

在各种元编程技术中,本书对部分评估技术特别感兴趣[38,39]。对代码进行部分评估包括辨别程序的静态部分,即编译阶段、动态阶段与可执行计算阶段。然后编译器评估静态部分并生成代码,称为残缺代码。因此,在此定义元编程。

(1)通过从一般计算机语言描述中提取和生成代码以编程;

(2)在特定的情况中,部分评估只需要一种语言同时替代特定语言与残缺代码语言。但是,为允许部分评估,该语言必须允许静态结构的显式注释。因此,这需要可以操纵标记的两层语言。

更正式的表述是程序是一个函数 φ,既包括在编译时定义输入,也包括在程序执行时定义输入以便产生执行结果。

$$\varphi:(I_{静态},I_{动态})\rightarrow O$$

定义一个部分评估 $\varGamma$,作为一对 $(\varphi,I_{静态})$ 函数转换为新程序 φ^* 在 $I_{静态}$ 中已被完全评估。

$$\varGamma:(\varphi,I_{静态})\rightarrow\varphi^*$$

当然,φ^* 在 φ 中,φ^* 保持相同功能,一般而言,φ^* 性能优于 φ。

$$\varphi\equiv\varphi^*:(I_{静态})\rightarrow O$$

为了确定静态评估的代码部分,部分评估器必须分析源代码以检测其结构与静态数据。该检测可以使用特定代码片段。

3.1.2 元函数工具

在 C++语言中部分评估机制的实现相当于提供一种能够分析包含静态元素代码的工具。外部工具能够在源代码级别执行任务,并生成新的已部分评估源代码,例如 Tempo 工具[40]。这种解决方案在开发复杂工程链中吸引力似乎较小。为此,最好能够找到一种直接在 C++语言中注释静态元素的方法,本书将采用模板元函数与预处理器元函数的方法。

3.1.2.1 模板元函数

模板是 C++语言的一种机制,其主要目的是为通用编程提供支持,从而使代码重用。模板可以定义类或定义具有数值与类型参数化的函数。固定类或函数参数模板允许实例化,从而为编译器提供完整编译代码片段。模板还支持部分特定化机制。这种特定化结果并不是一个可编译的代码,而是一个必须自己实例化的新模式。因此,可以根据某些函数可参数化的特性提供模式,并根据其特性优化生成代码。当编译器尝试解决模板类型时,首先搜索完整代码片段的特化,然后探索部分特化的例子,直到找到有效的情况。因此,部分评估的定义,即是特定化编程。事实中,模板类的实例化相当于从模式及其参数计算新函数类的应用。同样地,在众多函数语言中(例如 ML、Haskell 等),部分特定化模板提供了一个滤波器机制等价物。

通过构造[41]可以证明,模板可以形成图灵完备的 C++子集。Erwin Un-ruh[42]提出了这类程序的第一个例子。该程序没有运行,但是向编译中返回了一系列消息,其中列出了前 N 个数列。这表明,模式允许表达的不仅仅是简单通用的类与函数。

3.1.2.2 预处理器元函数

与模板元函数类似,预处理器元函数基于预处理器的宏与宏函数以定义数据和控制中的伪结构。

与模板不同的是,宏和宏函数在任何语法或语义分析之前被解析,并且仅对符号起作用,从而将其应用限制为直接文本替换。然而,事实表明它可以模拟诸如递归或选择条件之类的策略。例如 Boost. Preprocessor 或 Chaos 就是这样的例证。在复杂性方面,实际上,模板是图灵完备的,表明通过元编程的宏也图灵完备。限制图灵机的内存大小,在编译时,系统使用之前,相当于预处理器支持调用的最大次数(通常为 4 096 到 65 536 次调用)。Boost. ConceptCheck[43] 或 Boost. Local 库使用这样的系统以模拟高层次构造,并为其用户提供熟悉的接口界面。

3.2 预处理操作

在本章中,由于 Catapult C 编译器的局限性,通过使用预处理器的元编程技术,Catapult C 编译器无法以标准化方式正确地管理元编程,需要采取特殊方式进行处理。

3.2.1 预处理基础

首先确定预处理器的基本元素、标记、宏及其参数。

3.2.1.1 标记

预处理器的基本单元是标记。虽然与标准定义的传统标记略有不同,但预处理器标记由标识符、运算符符号与文字组成。

3.2.1.2 宏

有两种类型的宏:宏对象与宏函数。通过语法定义一个宏对象,如下,

♯define 标识符 替换列表

采用标识符定义宏名称和包含零或多个标记序列的替换列表。当标识符在程序文本的后面出现时,它将被替换列表中包含的标记序列替换。

在宏扩展阶段表现得像元函数的宏函数定义如下,

♯define 标识符$(a_1, a_2, \cdots, a_n)$ 替换列表

其中每个 a_i 是一个命名宏参数的标识符。当宏标识符出现在参数列表的源程序中时,宏及其参数列表将被替换列表中包含的标记替换。

3.2.1.3 宏参数

宏参数定义是由以下非空序列组成。

- 除逗号标记或括号之外的预处理程序标记。
- 由一对连贯的括号包括的预处理程序标记。

上述定义对宏元编程具有非常重要的影响。由于符号(,)具有特殊状态,因此它们永远不会显示为宏参数。例如表 3.1,以下代码格式是错误的。

表 3.1　不正确宏参数

算法:
1. #define FOO(X) X 2. FOO(,) 3. FOO(())

第一个 FOO 函数调用不正确,因为逗号可以解释为不带括号的逗号或带有两个空参数的 FOO 函数调用。第二个调用不正确,因为它包含一个单独的括号。

类似地,预处理器没有一对符号的概念,例如({,})大括号,([,])中括号或(<,>)大于小于构成括号。因此,表 3.2 中代码无效。

表 3.2　分隔符

算法:
1. FOO(std::pair<int,long>) 2. FOO({int x=1,y=2;return x+y})

因此,唯一的方法是通过将其包装在括号中以传递单个标记,如表 3.3 中的代码所示。

表 3.3　传递包含逗号的参数

算法:
1. FOO(std::pair<int,int>) 2. FOO(({int x=1,y=2;return x+y}))

3.2.2　基本元函数

预处理器为符号提供两种基本操作。

3.2.2.1 字符串转换

预处理器使用前缀♯将符号列表转换为字符串,如表3.4所示。

表3.4 生成固定链

算法:
1. ♯ define MAKE_A_STRING(Arg) ♯ Arg

然而,需要提醒的是宏参数的替换规则与♯不协调交互。例如下表3.5中代码。

表3.5 生成固定链

算法:
1. ♯ define FOO(A)-A 2. std::cout <<MAKE_A_STRING(FOO(3))<<'\n";

输出链FOO(3)。♯纯粹而简单地阻止参数被替换。然而,可以稍微修改宏MAKE_A_STRING以在其转换之前评估其参数(见表3.6)。

表3.6 生成固定后替换链

算法:
1. ♯ define FOO(A)-A 2. ♯ define MAKE_A_STRING(Arg) ♯ Arg 3. ♯ define MAKE_A_STRING(Arg) MAKE_A_STRING_IMPL(Arg) 4. std::cout <<MAKE_A_STRING(FOO(3))<<'\n";

此版本的代码生成字符串－3。实际上,在继续替换内部宏 MAKE_A_STRING_IMPL 之前,预处理器进行其参数 Arg 的完整评估。因此,♯适用于取代 Arg。稍后可以看到这种行为将允许模拟更多有趣的结构。

3.2.2.2 标记链接

♯♯运算符连接两个标记(见表3.7)。

表3.7 标记链接

算法:
1. ♯ define version(symbole) symbole ♯♯ v123 2. int version(variable);

生成的代码是 variable123。与♯相同,♯♯应用程序不执行替换。可以用与

♯相同的方式纠正此缺陷。

3.3　模块化接口设计

为给予代码转换提供高级接口,本章采用模拟过滤功能的接口描述语言(IDL)表示法。

这种表示法旨在:

- 给予 Catapult C 软件支持不同数据结构:数组和数据流;
- 专业化封装并分析 Catapult C 行为,以"忠实地"再现"书面代码"的行为;
- 允许系统扩展到新优化策略。

FIR 滤波器生成代码是基于不同变量的分析。一个 FIR 滤波器始终包括:

- 数据初始化阶段,如内存寄存器,取决于优化策略(采用或不采用循环移位寄存器);
- 循环体,其中结果取决于所使用的数据类型与优化策略;
- 结束阶段是空的。

当然,该阶段必须通过输入、输出数据和滤波器系数列表的描述以参数化。因此,FIR 的基本架构与宏的形式相当,如下。

♯define FIR((Input,Coefficient,Output))

(1)输入和输出的特化

第一步是定义协议,以便能够指定滤波函数的输入和输出的类型、大小、变量名称。多个因素需要考虑:

- 滤波器的每个参数是以可变的数组形式类型呈现,也可以 Catapult C 软件的 ac_channel 类型呈现;
- 每个参数都包含数值;
- 每个参数在数组中都有大小。

为了简化定义,本书选择定义一系列模仿 IDL 类型接口的宏。因此定义了两个参数伪类型:

- 数组(T,N),表示类型 T 的 N 个元素的 C 数组。
- ac_channel(T)类型,表示 ac_channel 类型包含 T 类型的元素。

例如,FIR(((ac_channel(uint8),X),(array(sint16,M),H),(ac_channel(uint8),Y)))。

该调用生成一个滤波器所需的代码,该滤波器输入与输出具有 8 位整数无符号的 ac_channel 类型,在 16 位有符号整数的数组中回收滤波器系数。

接下来是提取数据的伪类型。检索定义滤波器参数宏中编码的每个信息,即数据类型及其大小都很重要。为此,本章定义两个宏以处理提取操作。

第一个 TYPE(X)宏将采用参数化的 IDL 描述符并返回基础数据类型。需要注意的是,此信息的位置取决于参数的实际类型(数组或 ac_channel 类型)。一个经典的策略是使用这样一个实例,即数组(T,N)构造看起来像一个调用的宏以构建一系列符号,一旦完成,将作为特定的宏调用解析。

TYPE 定义如表 3.8 所示。

表 3.8　提取信息类型

算法:
1. #define CAT_IMPL(A,B)　A ## B
2. #define CAT (A,B)　CAT_IMPL(A,B)
3. #define TYPE_ac_channel(T,N)　T
4. #define TYPE(Type) CAT(TYPE_,Type)

此宏中连接函数版本的符号可以生成已解析为宏调用的符号。IDL 类型用作区分当前呼叫的后缀。相同技术的应用以评估参数的大小(见表 3.9)。

表 3.9　提取信息大小

算法:
1. #define SIZE_array(T,N)　T
2. #define SIZE(Type)　CAT(SIZE_,Type)

但请注意,此处仅数组被管理。通过为每个宏添加与可能的新数据类型相关的新案例,可以轻松扩展此技术。

(2)滤波器函数

滤波器的主要接口基于三种输入/输出的定义。根据这些参数的相应类型,滤波器的基本架构将发生变化。在通过数组计算的情况下,代码如表 3.10 所示。

表 3.10 数组型滤波器代码

```
算法：

1. void fir(sint8 X[256],sint8 H[3],sint8 Y[256])
2. {
3.    int i；
4.    for(i=0;i<256;i++){
5.       sint8 x；
6.       sint8 y；
7.       sint8 r=1≪7；
8.       static sint8 RF[3]；
9.
10.      x=X[i]；
11.      {
12.         int k；
13.         for(k=8-1;k>0;k++){ RF[k]=RF[k-1]；
14.          RF[0]=x；
15.      }；
16.      {
17.         int k；
18.         sint16 y16；
19.         y16=r；
20.         for(k=0;k<3;k++){
21.             y16+=RF[k+i] * H[k]；
22.         }
23.      y=(uint8)(y16≫8)；
24.      }；
25.      Y[i]=y；
26. }
27. }
```

对于使用 ac_channel 类型的情况,如表 3.11 所示。

表 3.11　FIR 代码使用 ac_channel 类型

算法：

```
1.  void fir(ac_channel〈uint8〉& X,sint8 H[3],ac_channel〈uint8〉& Y)
2.  {
3.     uint8 x；
4.     uint8 y；
5.     sint8 r＝1≪7；
6.     static sint8 RF[3]；
7.
8.     x＝X. load()；
9.     {
10.    int k；
11.      for(k＝8－1;k＞0;k＋＋){ RF[k]＝RF[k－1]；
12.      RF[0]＝x；
13.    }；.
14.    {
15.      int k；
16.      sint16 y16；
17.
18.      y16＝r；
19.      for(k＝0;k＜3;k＋＋){
20.          y16＋＝RF[k+i] * H[k]；
21.      }
22.      y＝(uint8)(y16≫8)；
23.    }；
24.    Y. write(y)；
25.  }
```

因此，出现一个涉及多个部分的图表。

- 计算滤波所需的局部变量的声明；
- 所需循环移位寄存器的声明；
- 从输入端加载新数据的代码；
- 支持循环移位寄存器代码；
- 执行实际计算的代码；
- 保存最终结果的代码。

首先定义一个生成函数的原型以及执行所需的宏(见表 3.12)。

表 3.12　FIR 滤波器的生成

算法:
1.　#define FIR_GEN_array(T,N) FIR_GEN_array_IN
2.　#define FIR_GEN_array_IN(ARGS)
3.　{
4.　int i;
5.　for(i=0;i<N;i++)
6.　FILTER(AT(ARGS,0,3),AT(ARGS,1,3),AT(ARGS,2,3),i)
7.　}
8.　/ * * /
9.
10.　#define FIR_GEN_ac_channel(T) FIR_GEN_ac_channel_IN
11.　#define FIR_GEN_ac_channel_IN(ARGS)
12.　{
13.　FILTER(AT(ARGS,0,3),AT(ARGS,1,3),AT(ARGS,2,3),~)
14.　}
15.　/ * * /
16.
17.　#define INOUT_array(T,N) INOUT_array_IN
18.　#define INOUT_array_IN(ARGS)
19.　TYPE(AT(ARGS,0,2)) AT(ARGS,1,2)[SIZE(AT(ARGS,0,2))]
20.　/ * * /
21.
22.　#define INOUT_ac_channel(T) INOUT_ac_channel_IN
23.　#define INOUT_ac_channel_IN(ARGS)
24.　ac_channel〈TYPE(AT(ARGS,0,2))〉& AT(ARGS,1,2)
25.　/ * * /
26.
27.　#define INOUT(T) CAT(INOUT_,AT(T,0,2))(T)
28.
29.　#define FIR(ARGS)
30.　void fir(INOUT(AT(ARGS,0,3))
31.　INOUT(AT(ARGS,1,3))

（续表）

算法：
32. INOUT(AT(ARGS,2,3))
33. ）
34. CAT(FIR_GEN_,AT(AT(ARGS,0,3),0,2))(ARGS)
35. /＊＊/

该宏及其宏附录从其参数列表中提取生成其代码所需的信息。FIR 滤波器的参数通过逗号分隔为三参数。此参数的每个包都可由 AT 宏恢复,其定义如表 3.13所示。

表 3.13 　AT 宏-可枚举访问

算法：
1. ＃define AT_0_1(T0) T0
2. ＃define AT_0_2(T0,T1) T0
3. ＃define AT_1_2(T0,T1) T1
4. ＃define AT_0_3(T0,T1,T2) T0
5. ＃define AT_1_3(T0,T1,T2) T1
6. ＃define AT_2_3(T0,T1,T2) T2
7. // ... etc ...
8.
9. ＃define AT(Tuple,Index,Size) AT_ ＃＃ Index ＃＃ _ ＃＃ Size Tuple

使用 AT 调用案例的直接枚举,以便以逗号分隔的值作为参数传递字符串中检索相应的元素。数组索引和伪元组大小的串联允许在 O(1)中访问宏中的所需元素。

FIR 滤波器使用之前基于宏类型生成名称的技术以选择要生成哪个函数体。在此块中,FILTER 宏将生成代码的公共部分(见表 3.14)。

表 3.14 　FIR 宏的内部结构

算法：
1. ＃define FILTER(Input,Coefficient,Output,Offset)
2. ｛
3. TYPE(AT(Input,0,2)) x;
4. TYPE(AT(Output,0,2)) y;
5.

（续表）

算法：
6. static TYPE(AT(Coefficient,0,2))
7. RD[SIZE(AT(Coefficient,0,2))];
8.
9. LOAD(Input,Offset,x);
10.
11. REGISTER_PUSH_VALUE(RD,x);
12. APPLY_FILTER(AT(Input,0,2),RD,Coefficient,y,Offset);
13.
14. STORE(Output,Offset,y);
15. }

同样，FILTER 宏附录也使用了上述技术。

加载与保存宏支持使用包含所用变量的参数在数据表或相应的 ac_channel 中读取和写入（见表 3.15）。

表 3.15　读/写宏

算法：
1. #define LOAD_ac_channel(T) LOAD_ac_channel_in
2. #define LOAD_ac_channel_in(Destination,Offset,Value)
3. Value =Destination. read()
4. /* */
5.
6. #define LOAD_array(T,N) LOAD_array_in
7. #define LOAD_array_in(Destination,Offset,Value)
8. Value = Destination[Offset]
9. /* */
10.
11. #define LOAD(Source,Offset,Value)
12. CAT(LOAD_,AT(Source,0,2)) (AT(Source,1,2),Offset,Value) \
13. /* */
14.
15. #define STORE_ac_channel(T) STORE_ac_channel_in
16. #define STORE_ac_channel_in(Destination,Offset,Value)

（续表）

算法：
17. Destination. write(Value) 18. /＊＊/ 19. 20. ＃define STORE_array(T,N) STORE_array_in 21. ＃define STORE_array_in(Destination,Offset,Value) 22. Destination[Offset] ＝ Value 23. /＊＊/ 24. 25. ＃define STORE(Dest,Offset,Value) 26. CAT(STORE_,AT(Dest,0,2)) (AT(Dest,1,2),Offset,Value) 27. /＊＊/

　　REGISTER_PUSH_VALUE 宏管理数组预填充循环移位寄存器（见表 3.16）。

表 3.16 循环移位寄存器宏

算法：
1. ＃define REGISTER_PUSH_VALUE(Register,Value) 2. { 3. int k； 4. for(k＝M－1；k＞0；k－－) Register[k] ＝ Register[k－1]； 5. Register[0]＝ x； 6. } 7. /＊＊/

　　APPLY_FILTER 宏负责执行滤波计算（见表 3.17）。它依赖于 INDEX 宏附录，并允许以通用方式恢复数组或 ac_channel 类的元素。

表 3.17 滤波计算宏

算法：
1. ＃define INDEX_ac_channel(T) INDEX_ac_channel_in 2. ＃define INDEX_array(T,N) INDEX_array_in 3. 4. ＃define INDEX_ac_channel_in(Register,Index,Offset) Register[Index]

（续表）

算法：
5. ♯ define INDEX_array_in(Register,Index,Offset) Register[Index+Offset]
6.
7. ♯ define INDEX(Type,Source,Index,Offset) CAT(INDEX_,Type)
8. (Source,Index,Offset)
9. / * */
10.
11. ♯ define APPLY_FILTER(Type,Register,Coefficient,Output,Offset)
12. {
13. int k;
14. sint16 y16;
15. y16 = 0;
16. for(k=0;k<M;k++) {
17. y16 += INDEX(Type,Register,k,Offset) * AT(Coefficient,1,2)[k];
18. }
19. Output = (uint8)(y16≫8);
20. }

3.4　本章小结

在本章中,采用了不同策略,以部分或完全自动化生成代码。得出的结论是,通过 C++预处理进行元编程的方法满足 Catapult C 软件环境约束条件。本章定义多种策略的宏,根据输入参数,允许快速与可扩展的方式生成多个滤波器特化。

第 4 章 非递归型 FIR 滤波器

本章以信号处理中非递归型 FIR(finite impulse response)滤波器作为研究对象,共分为三个部分。第一部分介绍单个滤波器算法优化,以及定点编码的问题。第二部分介绍两个级联滤波器算法及优化。第三部分比较高层次转换与算法优化对具有标量和 SIMD 向量功能的通用低功耗处理器运行代码性能的影响。

4.1 非递归型 FIR 滤波器算法及优化方法

4.1.1 非递归型 FIR 滤波器算法

非递归型 FIR 滤波器在信号处理、多媒体、图像处理、模式识别等方面得到广泛应用。输入信号 $x(k)$ 与冲击响应(系数 b_k),阶数为 $n-1$ 的 FIR 滤波器的数学表达式如下:

$$y(n) = \sum_{k=0}^{n-1} b_k x(n-k) \tag{4.1}$$

在式(4.1)中,若系数 b_k 与数据 $x(n-k)$ 的类型为浮点型,计算结果 $y(n)$ 的精确度将得到保证,但同时会导致硬件电路面积和功耗额外开销。本章假设编码位数长度足够并希望计算的结果与专用微处理器的结果作对比,故采用长度为 8 位的定点型系数和数据,用 Q_8 表示。式(4.2)中加入 r 项用于补偿由于截取操作带来的计算精度误差。此处 r 项可以取值为 128,系数需要左移 8 位,即乘以 2^8,最后的结果 $y(n)$ 右移 8 位,再除以 2^8。本章以三个系数的滤波器为例,其数学表达式展开如下:

$$y(n) = b_0 x(n) + b_1 x(n-1) + b_2 x(n-2) + r \tag{4.2}$$

式(4.2)所对应的算法分别为数组 FIR3 滤波器算法,用 Tab 表示(见表 4.1);寄存器 FIR3 滤波器算法,用 Reg 表示(见表 4.2);循环移位寄存器 FIR3 滤波器算法,用 Rot 版表示(见表 4.3);展开循环迭代 FIR3 滤波器算法,用 LU 表示(见表

4.4)。为了防止循环迭代的边界发生溢出现象,滤波器计数从 $i=2$ 开始。在对边界的处理中,假设信号 $x(n)$ 是无限信号的一部分,前两个输出信号复制输入信号的值。读取与写入数据分别在两个不同的内存寄存器空间中以避免同时访问相同寄存器地址引发冲突。

有关信号和图像处理领域中定点编码优化的研究,请参阅 Daniel Ménard 和 Olivier Sentieys 的工作[44],Fluctuat 工具[45,46]和 ANR DEFIS[47]。

表 4.1　数组 FIR3 滤波器算法

算法:FIR3 滤波-Tab 版
1. Y[0] ←X[0],Y[1] ←X[1],r←128
2. for i = 2 to n−1 do
3. Y[i]←(b0 × X[i]+ b1 × X[i−1]+ b2 × X[i−2] + r)/256

表 4.2　寄存器 FIR3 滤波算法

算法:FIR3 滤波-Reg 版
1. Y[0]←X[0],Y[1] ←X[1],r←128
2. for i = 2 to n−1 do
3. x0 ←X[i]
4. x1 ←X[i−1]
5. x2 ←X[i−2]
6. y←(b0 × x0 + b1 × x1 + b2 × x2 + r)/256
7. Y[i] ←y

表 4.3　循环移位寄存器 FIR3 滤波算法

算法:FIR3 滤波-Rot 版
1. x2 ←X[0],x1 ←X[1],r←128
2. for i = 2 to n−1 do
3. x0 ←X[i]
4. Y[i]←(b0 × x0 + b1 × x1 + b2 × x2+r)/256
5. x2←x1
6. x1←x0

表 4.4　展开循环体 FIR3 滤波算法

算法:FIR3 滤波-LU 版
1. x2 ←X[0],x1 ←X[1],r←128
2. for i = 2 to n−1 do
3. x0 ←X[i]
4. Y[i]←(b0 × x0+b1 × x1+b2 × x2+r)/256
5. x1←X[i+1]
6. Y[i+1]←(b0 × x0+b1 × x1+b2 × x2+r)/256
7. x2←X[i+2]
8. Y[i+2]←(b0 × x0+b1 × x1+b2 × x2+r)/256

4.1.2　软件优化

首个软件优化版本即使用循环移位寄存器 Rot 版。它的优势是能够保存数据在循环移位寄存器中,下一次计算直接从循环移位寄存器中读取数据。避免每次计算数据都从内存空间读取。表 4.3 展示了 FIR 滤波器的循环移位寄存器的使用示例。x_0、x_1 与 x_2 三个变量组成循环移位寄存器,用于保存中间数据。

第二个软件优化版本是完全展开循环迭代 LU 版。考虑到单个 FIR 滤波器存在展开循环的顺序问题,全部展开循环的最小顺序等于滤波器阶数大小。表 4.4 展示了 FIR 滤波器全部展开循环的使用示例。

在以往的大部分实践中,使用循环迭代的主要目标是在循环控制器中花费更少的时间,即减少循环内分支风险,并改善流水线中的指令流:花更少的时间做测试,更多的时间用于计算。通过使用功能强大的编译器和当前架构,编译器具有大量硬件优化,就像在乱序中运行程序一样。它的目标已经发生改变,即可以预先填充准备窗口、最大化填充处理器功能单元为目的。

在现代流水线中,在获取和解码阶段之后的调度单元负责将每个准备运行的指令分配到其功能单元。为了限制指令之间的数据依赖性,避免相关的流水线停顿,调度单元预先运行,即检索并解码大约百条指令,将解析上下数据关联的指令放在准备指令窗口中,其他指令处于等待状态。当编译器决定循环的展开顺序时,它的体积是循环的展开顺序与循环大小的乘积,接近窗口的大小。当处理器执行循环迭代操作时,如果数据计算之间存在依赖关系,则可以在必要时启动循环体中其他指令,等数值之间关联解除后,再去执行后续指令。

针对数组边界管理问题,为简化该问题,此处循环 i 从 2 开始,以保持代码小而易读。一个不必急于处理边界问题的方法是由 Duff's device 阐述的[48]。

Rot 版与 Reg 版相比，增加两个循环移位寄存器以保存两个数据用于下次计算。LU 版则完全展开循环并在同一个循环体内同时做三次并行计算。

4.1.3　硬件优化

硬件优化意在使用内存存储器连接接口，允许每个周期更多次数访问内存寄存器。如果存储器置于界限的情况下，可以假设所有计算都是在 1 个周期内进行，或者每个部分的计算(乘加运算)都被存储器访问掩盖。在这种情况下，循环迭代持续时间等于串联加载数量。

假设写入操作是处于读与写模式状态，即生产者-消费者模型中，在不同的内存进行，并且不需要在同一内存中同步写入与读取数据。

因此，对于 FIR3 滤波器，内存情况如下：

(1)单端口内存(用 SP 表示)：每个时钟周期读 1 次数据，在 FIR3 滤波器中，计算一次结果，总共需要 3 个周期；

(2)单端口内存读写端口(用 SP RW 表示)：每个周期读取一个数据和写入一个数据，但是读取与写入操作不能同步，在 FIR3 滤波器中，计算一次结果，总共需要 3 个周期；

(3)双端口内存(用 DP 表示)：每个周期可以同时读取 2 次数据，在 FIR3 滤波器中，计算一次结果，即总共需要 2(3/2＝1.5＜2)个周期；

(4)单端口交错内存：3 个单端口交错内存，每个周期可以进行 3 次读取数据，计算一次滤波器结果，只需要一个周期，从而达到 1 个时钟周期的速率。

可以观察到，内存存储器是隔行扫描，必须设计状态机以循环方式读取不同内存寄存器的值，这就增加了硬件电路设计的面积以及功耗的开销。使用(i mod 3)操作以实现状态机。

4.1.4　仿真结果与分析

表 4.5～表 4.8 分别显示单端口内存＋Reg 版、双端口内存＋Reg 版、单端口内存＋Rot 版和 3 个单端口交错内存＋Reg 版的结果。对于每种配置，工作频率范围从 100 到 600MHz，步长为 100MHz 条件下综合生成结果。对于每个频率，面积单位为 μm^2，总功率等于静态功率和动态功率之和并以 μW 为单位表示，能耗用 pJ/点表示。

首先，可以观察到在自动模式下，对于 4 个表格，无论频率大小，面积和功率的值总是最小。如前所述，当计算时，计算机所生成 ii 的值分别是单端口内存＋SP版的 3 个周期、双端口内存＋SP 版的 2 个周期、Rot 版本的 1 个周期以及 3 个单端口交错内存版本的 1 个周期。

表 4.5　FIR3 滤波器＋单端口内存

频率(MHz)	100	200	300	400	500	600	平均值
面积(μm^2)							
ii＝自动	3 884	3 935	4 153	4 215	4 506	4 730	4 237
ii＝1	—	—	—	—	—	—	—
ii＝2	—	—	—	—	—	—	—
ii＝3	4 164	4 337	4 567	4 637	4 908	5 415	4 671
ii＝4	3 923	3 995	4 270	4 312	4 717	5 237	4 409
功率(μW)							
ii＝自动	237.4	358.09	523.26	657.76	837.77	1 023.98	606.38
ii＝1	—	—	—	—	—	—	—
ii＝2	—	—	—	—	—	—	—
ii＝3	262.24	424.43	624.28	793.06	1 006.43	1 300.97	732.24
ii＝4	244.09	375.42	576.14	733.19	956.72	1 224.55	685.17
能耗(pJ/点)							
ii＝自动	11.88	10.75	12.22	11.52	11.74	11.96	11.68
ii＝1	—	—	—	—	—	—	—
ii＝2	—	—	—	—	—	—	—
ii＝3	7.89	6.38	6.26	5.97	6.06	6.53	6.52
ii＝4	9.82	7.52	7.70	7.35	7.67	8.19	8.04

表 4.6　FIR3 滤波器＋双端口内存

频率(MHz)	100	200	300	400	500	600	平均值
面积(μm^2)							
ii＝自动	4 218	4 207	4 253	4 546	4 925	5 224	4 562
ii＝1	—	—	—	—	—	—	—
ii＝2	5 146	5 376	5 818	5 868	6 456	7 076	5 957
ii＝3	4 779	4 627	4 777	5 027	5 349	5 956	5 086
ii＝4	4 636	4 357	4 442	4 794	5 162	5 664	4 843

（续表）

频率(MHz)	100	200	300	400	500	600	平均值
功率(μW)							
ii＝自动	265.59	397.82	538.83	728.89	941.94	1 136.51	668.26
ii＝1	—	—	—	—	—	—	—
ii＝2	326.62	525.52	783.42	992.31	1 325.71	1 613.48	927.84
ii＝3	289.05	473.66	658.65	895.28	1 145.86	1 488.24	825.12
ii＝4	273.97	432.89	591.06	837.08	1 079.38	1 356.80	761.86
能耗(pJ/点)							
ii＝自动	13.29	11.94	10.79	12.76	13.20	13.27	12.54
ii＝1	—	—	—	—	—	—	—
ii＝2	6.55	5.28	5.25	4.98	5.33	5.40	5.46
ii＝3	8.69	7.12	6.60	6.73	6.90	7.46	7.25
ii＝4	10.97	8.67	7.89	8.39	8.65	9.06	8.94

表 4.7 FIR3 滤波器＋Rot 版

频率(MHz)	100	200	300	400	500	600	平均值
面积(μm²)							
ii＝自动	3 581	3 581	3 584	4 523	4 895	4 396	4 093
ii＝1	5 111	5 111	5 736	6 374	6 415	6 843	5 932
ii＝2	4 235	4 227	4 243	4 591	5 107	6 032	4 739
ii＝3	3 697	3 697	3 697	3 985	4 180	4 737	3 999
ii＝4	3 545	3 545	3 545	3 892	4 116	4 503	3 858
功率(μW)							
ii＝自动	217.91	334.13	446.16	696.49	902.17	984.26	596.85
ii＝1	265.94	394.47	661.31	1 003.77	1 218.45	1 505.2	841.52
ii＝2	245.21	373.13	502.51	733.36	976.62	1 363.59	699.07
ii＝3	229.44	353.63	477.84	688.17	871.60	1 125.95	624.44
ii＝4	217.07	333.30	448.89	656.75	845.73	1 047.44	591.53
能耗(pJ/点)							
ii＝自动	8.73	6.69	5.96	6.98	7.23	8.21	7.30
ii＝1	2.68	1.99	2.22	2.53	2.46	2.53	2.40
ii＝2	4.92	3.74	3.36	3.68	3.92	4.57	4.03
ii＝3	6.90	5.32	4.79	5.17	5.24	5.64	5.51
ii＝4	8.70	6.68	5.99	6.58	6.78	6.99	6.95

表 4.8　FIR3 滤波器＋3 个交错单端口内存

频率(MHz)	100	200	300	400	500	600	平均值
面积(μm²)							
ii＝自动	4 656	4 704	4 916	4 725	4 904	5 790	4 949
ii＝1	6 396	6 857	7 480	8 144	8 193	8 152	7 537
ii＝2	5 978	6 177	6 658	6 998	7 239	7 979	6 838
ii＝3	5 421	5 549	5 761	5 867	5 977	6 987	5 927
ii＝4	5 193	5 316	5 508	5 648	5 859	6 611	5 689
功率(μW)							
ii＝自动	288.94	433.84	623.43	748.27	931.7	1 249.69	712.65
ii＝1	365.36	626.18	987.67	1 415.72	1 722.35	1 927.9	1 174.20
ii＝2	381.57	599.97	889.76	1 160.9	1 454.73	1 860.73	1 057.94
ii＝3	346.97	536.85	773.08	991.08	1 223.61	1 644.35	919.32
ii＝4	324.2	507.23	726.98	938.63	1 168.13	1 523.47	864.77
能耗(pJ/点)							
ii＝自动	14.46	13.03	14.56	13.11	13.05	14.59	13.80
ii＝1	3.68	3.16	3.32	3.58	3.48	3.24	3.41
ii＝2	7.66	6.03	5.96	5.83	5.85	6.23	6.26
ii＝3	10.44	8.08	7.76	7.46	7.37	8.25	8.22
ii＝4	12.99	10.16	9.71	9.41	9.37	10.18	10.30

对于给定的 ii 值,面积和能耗不随频率变化而较大幅度变化(当然,与功率不同)。出于这个原因,在后面将计算平均值,当前离散值的意义并不大。

关于能耗,它与 ii 值非常相关。在自动模式下,能量消耗非常大。能耗的变化远大于面积变化,范围从 11.68 到 13.80pJ/点。因此,重要的是尽可能地获得较小的 ii 值。由于 Rot 版软件优化或三个单端口交错内存硬件优化,ii＝1 个周期的结果是可能的。

从整体上看,表 4.9 总结了所有结果。每个值范围从 100 到 600MHz,步长为 100MHz,并计算平均值。针对所有软件和硬件优化,提供了两种配置:

·BestS:在自动模式下,最小面积相关的配置;

·BestE:在可达到的最小 ii 值、最小能量相关的配置。

可以观察到展开循环是低效的。SP＋Rot 或 3 个 SP＋Reg 版的 cpp 达到 1,相比 SP＋Reg 版,其面积更大些,相关的能耗也高些。

表 4.9　FIR3 滤波器,综合生成的面积与平均能耗,频率从 100 到 600MHz,步长为 100MHz

版本	SP +Reg	SP SW +Reg	DP +Reg	3 个 SP +Reg	SP +Rot	SP +LU	SP RW +LU	DP +LU
面积(BS)	4 227	4 266	4 562	4 949	4 458	6 120	6 240	7 027
面积(BE)	4 671	4 751	5 957	7 537	5 047	10 692	11 038	12 294
能耗(BS)	11.68	12.08	12.54	13.80	11.92	28.24	28.49	26.18
能耗(BE)	6.52	6.62	5.47	3.41	1.99	14.07	14.47	10.61
ii(BE)	3	3	2	1	1	3	3	2

关于能耗 BestE,这与 ii 值非常相关。对于 ii=3,能耗的值为 6.5 左右。对于 ii=2,能耗为 5.47,对于 ii=1,能耗则为 3.41 和 1.99。因此循环移位寄存器版允许将能量消耗降低约 3 倍,而面积并没有按比例增加,仅增加约 20%。

从硬件优化与软件优化的角度看,如果必须进行优化,是选择哪个优化呢? 在 FIR 滤波器的情况下,循环移位寄存器版获得更小的能量,但面积为 5 047μm^2,小于硬件优化 Reg+3 个 SP 的 7 537μm^2。这些数据对于硬件设计开发团队是非常有用的。

上面的仿真结果显示循环移位寄存器算法对能耗产生主要影响。从定性的角度来看,似乎最小能量总是与最小的 ii 值相关联。然而,在嵌入式系统中,必须验证恰当的散热功率并与计算机综合生成 ASIC 的结果相兼容。

4.2　两个级联 FIR 滤波器的算法及优化方法

4.2.1　两个级联滤波器的算法

在上一节中,分析了软件和硬件优化对 FIR3 滤波器的影响。现在将研究两个级联 FIR 滤波器,解决两个级联 FIR 滤波器过程中会产生电路与存储器之间接口的问题。

如果将生产者-消费者模型用于 FIR3 滤波器,则基本版本(Reg 版)可以消耗 3 个输入数据以产生 1 个输出的结果。通过给内部增加寄存器的操作,即以静态数组的形式通过 C 语言实现移位寄存器,获得 Rot 版。它消耗 1 个输入数据并产生 1 个输出结果。图 4.1 展示了相关模型。

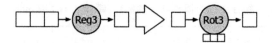

图 4.1　FIR3 滤波器的生产者-消费者模型

表 4.10 展示了 FIR3 滤波器的 Rot 版本部分代码。重要的是,实现循环移位寄存器的第 11 行的循环被工具有效优化了。就像 VHDL 设计者一样,Catapult C 理解循环迭代的语义,这使得原本在 RTL 中留出一个复制寄存器的操作消失了。

表 4.10　FIR3 滤波器算法 Rot 版

算法:FIR3 滤波-Rot 版

```
1. uint8 fir3(uint8 x,int input,sint8 b0,sint8 b1,sint8 b2 ){
2. static uint8 RD[3];
3. uint8 y8;
4. sint16 y16;
5. sint16 round＝1≪7;
6. int i;int k＝3;
7. if(input ＜k){
8. RD[input]＝x;
9. return x;}
10. else{
11. for(i＝k-1;i>0;i--){
12. RD[i]＝RD[i-1];}
13. RD[k]＝x;}
14. y16＝(b0×RD[0] + b1×RD[1] + b2×RD[2] + round;
15. y8＝(uint8)(y16≫8);
16. return y8;}
```

　　另一个要点是在所有代码中,循环迭代被系统地展开,无需做额外的工作以了解 Catapult C 软件是否已经展开循环。在 Catapult C 软件优化选项列表中,必须在循环展开(部分或全部)和软件流水线之间进行选择。软件流水线是决定电路性能的重要因素。因此,此处选择手动展开所有循环并让编译器处理软件流水线。反之,设计者很难手动实现软件流水线。

　　根据离散卷积公式

$$z(n) = \sum_{m=0}^{N} x(m)h(n-m) = x(n) * h(n) \tag{4.3}$$

如果把式(4.3)代入到式(4.4)中,可以得到 5 个系数 c_0、c_1、c_2、c_3 和 c_4 的值。

$$\begin{pmatrix} a_0 b_0 & 0 & 0 & 0 & 0 \\ a_0 b_1 & a_1 b_0 & 0 & 0 & 0 \\ a_0 b_2 & a_1 b_1 & a_2 b_0 & 0 & 0 \\ a_0 b_3 & a_1 b_2 & a_2 b_1 & a_3 b_0 & 0 \\ a_0 b_4 & a_1 b_3 & a_2 b_2 & a_3 b_1 & a_4 b_0 \end{pmatrix} \begin{pmatrix} 1 \\ 1 \\ 1 \\ 1 \\ 1 \end{pmatrix} = \begin{pmatrix} c_0 \\ c_1 \\ c_2 \\ c_3 \\ c_4 \end{pmatrix} \tag{4.4}$$

从编译的角度,编译器能够合并多个循环体,即合并滤波器可以看成一个合并操作。合并的关键是为了节约中间内存寄存器的使用。由式(4.4)看出,两个 2 阶的 FIR3 滤波器串联,可以用 1 个 4 阶的 FIR5 滤波器等效替代。扩展到 n 阶与 m 阶 FIR 滤波器级联,可以得到 p 阶新滤波器,其系数个数为 $p = m + n - 1$。

假设 X 数组用于起始内存寄存器,Y 数组用于目的内存寄存器,T 数组用于存储中间数据,数组的大小 N 等于 1 024 个 8 位元素的大小(见图 4.2)。级联两个运算符有三种主要方法:

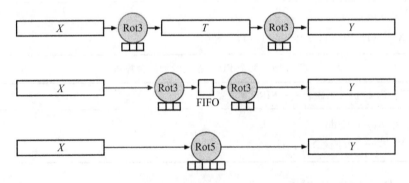

图 4.2　级联 2 个 FIR3 滤波算法的优化方法

(1)级联运算:第一个运算符在输入中消耗数组 X 的所有数据并在输出处生成数组 T 的所有数据,然后第二个运算符消耗输入处的数组 T 的所有数据,并最终生成输出数组 Y(见表 4.11)。

(2)流水线运算:第一个运算符消耗输入数组 X 的一个数据并在 FIFO 中产生 1 个输出数据,然后第二个运算符消耗这 1 个数据,并在输出的数组 Y 中生成一个结果,然后是第一个操作符重复操作,以此类推计算(见表 4.12)。

(3)融合运算:二个运算被一个运算替换,该运算与前两个运算等效(见表 4.13)。

从编译器的角度来看,流水线运算相当于循环合并(可由编译器实现),而滤波器融合运算实际上对应于运算符的合并(编译器并不可能做到)。正如前面所描述的,本节的关键点是避免重复访问内存空间,重要的是执行完整的标量化数据并删除访问中间内存。此外,新的数组(作为移位寄存器实现)必须具有正确的大小,此处为 5,因为它们是两个同样大小的 FIR3 滤波器的融合运算。Reg 版中的两个滤波器的流水线非常接近,通过循环缓冲区执行数值的循环利用。

表 4.11　两个 FIR3 级联滤波算法＋中间内存 T

算法:两个 FIR3 滤波器＋T 数组
1. for i = 0 to n−1 do 2. x←X[i],y1←F1(x),T[i] ←y1 3. for i = 0 to n−1 do 4. x←T[i],y1←F2(x),T[i] ←y2

表 4.12　两个 FIR3 级联滤波算法

算法:两个流水线 FIR3 滤波器
1. for i = 0 to n−1 do 2. x ←X[i],y1←F1(x),y2 ←F2(y1),Y[i] ←y2

表 4.13　两个 FIR3 级联滤波融合算法

算法:两个 FIR3 滤波器融合——FIR5 滤波器
1. for i = 0 to n−1 do 2. x ←X[i],y←F2(F1(x)),Y[i] ←y

4.2.2　仿真结果及分析

表 4.14 总结了之前面积与能耗综合结果,工作频率从 200 至 800MHz,步长为 200MHz。

两个级联滤波器需要使用内存存储器。而内存在高层次综合中是以黑盒存在,即最后综合的结果不包括内存面积与能耗。例如:一个 65nm 的 1 024 个 8 位的内存平均消耗能耗为 14pJ/点,该内存面积约为 15 000μm^2,即内存面积本身两倍大于滤波器电路面积,在最坏情况(自动模式)下。这也解释了使用 FIFO 流水线操作,而取消使用临时内存寄存器的原因。

如果看一下不同流水线版本的性能演变[最好的 BE 配置,硬件优化(单端口内存,双端口内存和三个单端口交错内存)],就可以得到能耗分别为 9.98、8.11、5.55pJ/点,即相比 SP＋Reg 版,3 个 SP＋Reg 版在能耗上节约 1.8 倍。故使用 3 个 SP＋Reg 版是有效的。而 SP＋Rot 版在 3 个 SP＋Reg 版基础上,再节能 1.5 倍,能耗值为3.65pJ/点。最后,与 SP+Reg 版相比,SP+Rot 版节省了约 3 倍,而面积仅增加 22%。

表 4.14 FIR 滤波器面积与能耗平均值

算法	SP +Reg	SP SW +Reg	DP +Reg	3 个 SP +Reg	SP +Rot	SP +LU	SP RW +LU	DP +LU
单个 FIR3 滤波器								
面积(BS)	4 237	4 266	4 562	4 949	4 458	6 120	6 240	7 027
面积(BE)	4 671	4 751	5 957	7 537	5 047	10 692	11 038	12 294
能耗(BS)	11.68	12.08	12.54	13.80	11.92	28.24	28.49	26.18
能耗(BE)	6.52	6.62	5.47	3.41	1.99	14.07	14.47	3
ii(BE)	3	3	2	1	1	3	3	2
两个 FIR3 级联滤波器								
面积(BS)	6 393	6 482	6 542	7 498	6 574	9 913	10 155	11 155
面积(BE)	23 145	30 857	36 779	24 794	21 804	30 262	38 546	42 218
能耗(BS)	57.23	71.85	84.90	52.82	48.05	96.08	120.69	108.69
能耗(BE)	28.79	25.92	20.80	22.11	13.13	47.26	57.06	44.22
ii(BE)	3	3	2	3	1	3	3	2
两个 FIR3 级联滤波器+流水线								
面积(BS)	5 888	5 943	6 207	6 543	5 715	9 625	10 039	10 400
面积(BE)	7 619	7 547	8 639	12 385	9 317	18 329	19 086	20 726
能耗(BS)	20.05	21.78	21.33	12.75	23.11	64.55	65.56	66.98
能耗(BE)	9.98	10.03	8.11	5.55	3.65	21.31	22.08	17.42
ii(BE)	3	3	2	1	1	3	3	2
两个 FIR3 级联滤波器融合＝FIR5								
面积(BS)	5 563	5 619	5 683	7 121	5 990	17 968	17 563	17 330
面积(BE)	6 056	6 198	7 670	12 513	8 189	26 913	28 100	30 441
能耗(BS)	22.11	22.72	19.89	27.23	22.01	107.03	107.13	118.48
能耗(BE)	13.74	14.05	10.52	5.59	3.19	48.21	50.98	34.14
ii(BE)	5	5	3	1	1	5	5	3

如果比较滤波器融合版本与流水线版,则 SP+Rot 版在两个方面都获胜:面积为 8 189μm^2,比表中最小的面积 5 563μm^2 大了 1.47 倍,消耗更少的能量,即 3.19pJ/点,减少 6.9 倍。

同时注意到 Catapult C 软件的性能,在自动模式下,FIR5 SP+Reg 版的面积为 5 563μm^2,而 FIR3 SP+Reg 版的面积为 4 237μm^2。从速度的角度分析,则硬件和软件优化都能够达到 1 个周期/点的速率。

最后,SP+Rot 版的配置优于 3 个 SP+Reg。因此,软件优化再次超过了硬件优化。过犹不及的是,展开循环版是无效的,在速度、能耗与面积方面表现都非常不佳。

4.3　算法转换对通用处理器性能的影响

为了评估软件算法转换的影响(此处,循环移位寄存器为 Rot 版),在标量和 SIMD 向量中,多组参数将被评估:

·特定滤波器:k 阶式(4.1)的 FIR 滤波器的,系数个数为奇数的滤波器专用版本:3、5、7 和 9 分别用 FIR3、FIR5、FIR7 与 FIR9 表示。

·SIMD 指令集:VECx 指令集比 SSE 指令集更丰富,有专门用于滤波的指令,如除以 2 的 n 次方并把结果进行截取或进位操作,表示计算中除以 2 的 n 次方,计算机二进制运算计算进行右移操作,并把结果进行截取或进位操作。

·Reg 和 Rot 版:Rot 版本内存访问次数限制为 1 次,Reg 版和通用代码内存访问次数需要 k 次。

·内存访问延迟时间:XP70 处理器没有缓存,但是它拥有快速数据存储器,称为紧密耦合数据存储器 TCDM,其内存访问延迟时间是可调的,为 1、2 或 10 个时钟周期。

不同参数的组合给出 21 个不同滤波器版本,因为通用滤波器版本 k 在 SIMD 向量中没有意义。它需要对系数为 k 的滤波器进行测试以知晓如何计算非对齐向量,这将降低计算机运行效率,因此与使用 SIMD 向量操作提高性能的目标相矛盾。

标量版与高层次自动综合的版本相同。对于 Rot 版本,循环移位寄存器使用的是标准寄存器形式,而不是本地数组形式。所用的函数类型是静态的。相比之下,SIMD 向量版使用了摩托罗拉公司的基于 Altivec 的设计模式[49],并计算非对齐向量寄存器以避免数据重复加载。

为了将性能扩展到 SIMD(p 因子的理论加速度,并行指令为 p),SIMD 指令必须执行算术整数或浮点运算。如果存在数据之间相关联或者流水线情况,SIMD 指令同时具有与标量运算接近的延迟时间。

此时的问题是,大多数信号处理算法都采用精简指令集(RISC)通用处理器,使用内存绑定模式。原因是它们的算术强度,即计算操作次数与存储器访问次数之间的比率非常低。存储器访问的延迟时间在算术计算时间面前需要被考虑。每次循环迭代,需要执行两个加载数据操作用于加载数据与滤波系数以及一个乘加运算,即总共 $2k+1$ 次算术运算(即累加器初始化并对结果做舍入操作,向右移位)与 $2k+1$ 次内存访问,算术强度为 1。

当滤波器的大小已知时,滤波器系数加载数据可以在循环体外部执行,这使得算术强度的值为 2。然而,上述方法可能是无效的。因为它需要更多的寄存器用于保存滤波器的系数。如果用户使用的寄存器总数超过处理器寄存器组的大小,则可能导致编译器生成代码溢出情况发生。

对于具有低算术强度的算法,可以使用设计模式方法解决存储器访问次数的问题。它包括重新组织计算,以便始终具有最大并行度并从所使用的寄存器中创建非对齐向量寄存器,用于加载数据,如图 4.3 所示。

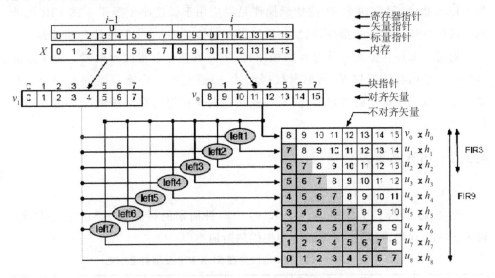

图 4.3　FIRk 的 SIMD 非对齐向量计算

图 4.3 所示 VECx 指令集:存储器被切割为 64 位数据包(此处为 8 个 8 位数据块)。当从 64 位数据包中读取数据时,加载指令完成强行转换,8 个 8 位的块转换为 8 个 16 位的块。这个加载数据方式与 SSE 指令不同。内存为 128 位数据包(此处为 16 个 8 位数据块),加载指令不做转换,寄存器包含 16 个 8 位数据块。然后,它需要两个转换指令以获得两个 SIMD 寄存器,每个 SIMD 寄存器包含 8 个 16 位块,这意味着双重循环代码被用于处理两个寄存器。这类似于展开循环操作,如果两个循环体是交错的(展开并堵塞)而不是连续的,此结构允许隐藏读取程序的延迟时间。最后对于 Neon 来说,两种加载方案是可能的:$1×64$ 位→$1×128$ 位或者 $1×128$ 位→$2×128$ 位。

VECx 从向量寄存器中的两个存储器加载数据,即 $v_0 = X[i-0]$ 和 $v_1 = X[i-1]$,使用 SIMD 指令从 v_0 和 v_1 中计算两个非对齐向量 u_1 和 u_2。这些是 Altivec 中的 vec_sld 指令、SSSE3 中的_mm_alignr_epi8 指令、VECx 中的 VECx_VSHLU-IH 指令。需要注意的是,直到 SSE3,需要三条指令:两条用于左右移位 128 位,例如:_mm_slli_si128 和_mm_srli_si128,另一条逻辑或指令用于重新整合,即 set _mm_or_si128。

这些指令隐藏在宏 left1 和 left2 中,以使代码与所使用的 SIMD 扩展非关联。之后,剩下的操作就是与标量计算相同的方法实现计算。通过将不同寄存器的数据相乘与累加:$y = h_0 * v_0 + h_1 * v_1 + h_2 * v_2$。此设计模式特别适用于内存:只需要两个内存访问,滤波器的宽度低于 SIMD 寄存器的基数加一个元素($k = p+1$)。使用 VECx 指令,只有两个 64 位加载操作足以应用于长度小于等于 9 的 FIR 滤波器。使用 SSE 和 Neon 指令,两次加载可以处理长度不大于 17 的 FIR 滤波器。

通过与循环移位寄存器 Rot 版相结合,可以进一步改善设计模式。每个滤波器只有一个内存访问权限,与标量代码相比,只需复制一个寄存器到另一个寄存器。这要取决于操作的数量,以及与高速缓存的操作组合在某些情况下可以达到线性加速度。

4.3.1　仿真结果及分析

4.3.1.1　XP70 与 VECx

表 4.15 展示了 TCDM 为 1、2 和 10 个时钟周期的标量和 SIMD 向量结果。涉及 SIMD 代码,可以使用 VECx 中提供的附加指令。

表 4.15　非递归型 FIR 滤波器在 ST X P70 处理器上性能

版本		FIR3	FIR5	FIR7	FIR9	(2 个 FIR3)/FIR5
TCDM =1 个时钟周期						
scalar	K	17.99	28.95	30.92	32.88	1.04
scalar	Reg	10.99	12.98	15.96	18.94	1.50
scalar	Rot	9.49	9.99	11.98	13.96	1.80
SIMD SSE	Reg	3.39	4.40	5.40	6.45	1.54
SIMD SSE	Rot	3.39	4.40	5.40	6.45	1.54
SIMD VECx	Reg	2.02	2.77	3.28	3.79	1.46
SIMD VECx	Rot	2.14	2.90	3.41	3.92	1.48

（续表）

版本		FIR3	FIR5	FIR7	FIR9	(2 个 FIR3)/FIR5
TCDM ＝2 个时钟周期						
scalar	K	31.98	42.94	44.91	46.88	1.39
scalar	Reg	25.99	39.95	51.89	56.84	1.25
scalar	Rot	22.00	24.00	25.49	26.98	1.83
SIMD SSE	Reg	6.40	7.41	8.41	9.45	1.73
SIMD SSE	Rot	6.40	7.41	8.41	9.45	1.73
SIMD VECx	Reg	6.52	7.28	7.79	8.30	1.79
SIMD VECx	Rot	5.15	5.91	6.42	6.93	1.74
TCDM＝10 个时钟周期						
scalar	K	120.93	133.82	146..67	159.50	1.81
scalar	Reg	97.41	127.81	184.51	239.12	1.52
scalar	Rot	75.47	120.82	146.68	151.09	1.25
SIMD SSE	Reg	18.74	28.05	37.90	39.91	1.34
SIMD SSE	Rot	18.19	29.65	37.80	39.91	1.23
SIMD VECx	Reg	14.90	21.51	23.27	29.89	1.39
SIMD VECx	Rot	13.26	18.27	23.25	28.24	1.45

标量版的分析：能够改变数据存储器的延迟时间是特别有意义的。当访问数据内存存储器延迟时间很短（在 1 个时钟周期内）时，Reg 和 Rot 专用版优于一般标量系数为 k 的 FIR 滤波器。访问数据内存存储器延迟时间为 2 个时钟周期时，Rot 版总是更快，而 Reg 版仅用于系数较大的滤波器。当访问数据内存存储器延迟时间很长，为 10 个时钟周期时，Reg 版总是较长。总之 Rot 版对于系数较小的滤波器仍然具有竞争力，并且也适用于系数较大的滤波器。

SIMD 版分析：循环移位寄存器 Rot 版对性能几乎没有影响。它的情况甚至相反（对于访问 TCDM 内存延迟时间＝1 时钟周期）。一种可能的假设是，当处理器连接到快速内存时，即访问 TCDM 内存延迟时间为 10 个时钟周期也比目前访问 L2 缓存延迟时间快，一个寄存器复制到另一个寄存器所花费的时间成本太高。关于 VECx 中存在的 SIMD 特殊指令和 SSE 部分指令缺失情况的影响是，平均增益是 1.6 倍对于访问 TCDM 内存的延迟时间为 1 时钟周期，1.4 倍对于访问 TCDM 内存的延迟时间为 10 时钟周期。这证明这种专用指令的存在是正确的。

整体分析：如果对比标量与 SIMD VECx 向量版，增益与访问内存的速度关联度高。对于访问 TCDM 内存存储器为 1 或者 2 个时钟周期，FIR3 和 FIR5 滤波器的增益分别为 5.4 和 4.69 倍，而访问 TCDM 存储器为 10 个时钟周期，它的增益分别为 7.4 和 7.0 倍。其原因是指令集中存在混合指令（用于计算非对齐寄存器），这会丢失加速度。使用 TCDM 内存存储器为 10 个时钟周期的内存，成本很低，加速度性能等于 8。访问 TCDM 内存存储器为 1 个时钟周期的内存，使用上述指令的额外成本是不可掩盖的，并使加速度下降。

使用 FIR3 与 FIR5 滤波器的 VECx＋Rot 向量版，最大增益分别为 8.1、9.0 倍，对于访问 TCDM 内存存储器为 1 个时钟周期和 10 个时钟周期，最大增益分别为 9.1 和 7.3 倍。最后，滤波器融合版 FIR5 滤波器在所有情况下总是有效的，增益为 1.5 倍。

已经进行了其他测试，评估寄存器组大小的影响，该寄存器组可以是 16 或 32 位寄存器组。事实证明，对于 16 位寄存器组，Reg 和 Rot 版没有足够可使用的寄存器。这导致存在大量代码溢出现象。结果是这两个带有标量版变得比带循环的通用版本更慢。另一方面，对 SIMD 而言，没有影响。

4.3.1.2 Cortex-A9 与 Neon 处理器

表 4.16 对 64 位和 128 位标量和 SIMD 向量存储器访问的结果进行整合。对于 SIMD 代码，要么使用 SSE 的公共部分指令，要么使用 Neon 中提供的指令。

标量版的分析：循环移位寄存器没有任何优势，甚至适得其反。

SIMD 版的分析：循环移位寄存器也不会产生任何增益。与 VECx 不同，特定 Neon 指令与普通 SSE 指令相比，没有任何增益，无论是 64 位还是 128 位访问内存寄存器。另一方面，128 位版比 64 位版更快（对于系数较小的滤波器）。这是由于使用双重代码，如前面所述循环展开与堵塞，FIR3 和 FIR5 滤波器的相应增益分别为 1.31 和 1.28 倍。

表 4.16 评估非递归滤波 Cortex-A9 和 Neon 的标量与 SIMD 版性能

版本		FIR3	FIR5	FIR7	FIR9	FIR11	（2 个 FIR3）/FIR5
Scalar							
scalar	Reg	15.20	19.21	24.78	31.00	35.85	1.58
scalar	Rot	14.16	20.28	26.37	30.09	42.19	1.40
64 位 SIMD 读取内存数据							
SIMD SSE	Reg	2.54	3.27	4.02	4.80	4.81	1.55
SIMD SSE	Rot	2.39	3.14	3.90	4.80	4.56	1.52
SIMD Neon	Reg	2.41	3.02	3.40	4.02	4.68	1.60
SIMD Neon	Rot	2.39	3.14	3.39	3.65	4.79	1.52

（续表）

版本		FIR3	FIR5	FIR7	FIR9	FIR11	（2 个 FIR3）/FIR5
128 位 SIMD 读取内存数据							
SIMD SSE	Reg	1.83	2.58	3.34	4.16	5.93	1.42
SIMD SSE	Rot	1.70	2.45	3.21	4.10	5.79	1.39
SIMD Neon	Reg	1.76	2.39	3.01	3.64	4.27	1.47
SIMD Neon	Rot	1.82	2.45	3.08	3.71	4.27	1.39

整体分析：如果对比标量版与 SIMD 向量版，则对于 FIR3 和 FIR5 滤波器，增益分别为 6.3 和 6.4 倍（使用 64 位存储器）与 8.6 和 8.0 倍。因为 128 位内存访问，展开循环，每次加载后，它有 2 倍大的计算容量。如前所述，融合操作仍然总是有效。根据配置，增益在 1.4 和 1.6 倍之间变化。

4.3.1.3　Penryn 的 SSSE3（见表 4.17）

标量版分析：对于其他处理器，循环移位寄存器不会带来显著的增益。

SIMD 向量版分析：循环移位寄存器为小尺寸的滤波器带来增益：FIR3 为 1.2 倍；FIR5 为 1.5 倍。

整体分析：SIMD 向量版提供较低加速度。FIR3 滤波器增益为 4.3 倍，FIR5 滤波器增益为 4.9 倍。使用这三种 SIMD 架构的唯一区别是，在 Cortex-A9 处理器上，每两个周期只能运行一条 Neon 指令，不像 Penryn 的 SSE 指令可以在所有周期运行。因此，展开和堵塞操作对 Neon 的影响比 SSE 或 VECx 更大。

融合操作总是有效的，但增益较低：标量版增益为 1.2 倍；SSE 版为 1.35 倍。

表 4.17　评估非递归滤波标量和 SIMD 版 Penryn 的性能

版本		FIR3	FIR5	FIR7	FIR9	FIR11	（2 个 FIR3）/FIR5
scalar	Reg	3.83	6.30	10.91	11.35	14.38	1.22
scalar	Rot	3.62	6.10	8.71	9.62	14.55	1.19
SIMD SSE	Reg	1.06	2.02	2.21	2.76	3.12	1.05
SIMD SSE	Rot	0.90	1.33	1.85	2.40	2.91	1.35

4.3.1.4　三个处理器整体对比分析（见表 4.18）

如果分析三种 SIMD 架构的共同结果，总结如下，

· FIR5 滤波器代替两个 FIR3 滤波器，即融合操作始终高效；

· 无论是标量还是 SIMD 向量，循环移位寄存器 Rot 版无太大影响。

究其原因是在通用处理器上，它是超标量的，只能在每个周期执行一个指令（算

术类型或寄存器之间复制)。与 ASIC 相反,后者取决于电路设计的关键路径。关键路径可以并行执行多个相同类型的操作。因此,Rot 版应该避免内存访问延迟时间比 Reg 版本的加载寄存器的时间更长的情况出现,而 XP70 处理器的 TCDM 内存访问时间更短。因为数据之间的复制时间与内存加载数据时间同样重要。

表 4.18 评估非递归滤波标量和 SIMD 版三种处理的性能

算法	FIR3	FIR5	FIR7	FIR9	FIR11
SIMD 比值					
XP70 TCDM=1	8.9	9.0	9.4	8.7	—
XP70TCDM=10	9.1	7.3	6.3	5.6	—
ARM Cortex-A9	8.6	8.0	8.2	8.3	8.4
Intel Penryn	4.3	4.9	5.9	4.7	4.9

4.3.2 ASIC 与 GPP:时间与能耗对比

为了公平地比较,必须校正 cpp 数字,因为 Cortex-A9 和 Penryn 处理器在两个方面与 XP70 不同:它们是双核与 45nm。关于这两个处理器:

· 计算时间除以 $2:t'=\mathrm{cpp}*\mathrm{Freq}/2n$,

· 由于平均耗散功率(TDP)涉及通用处理器,因此能耗:$E'=t\times P$,由于工艺差异,必须进行相应的校正。ITRS 组织机构(国际半导体技术发展路线图)建议校正因子为 $(65/45)^{1.5}=1.74$。

另一方面,cpp 保持不变,因为它代表了内核的效率特性。表 4.19 已经考虑了这些问题并对数据做了调整。

从不同角度观察,首先是 ASIC 与 GPP 的加速比与频率不成比例。频率为 600MHz 的 ASIC 比 XP70 快 3 倍。它的速度是 Cortex-A9 处理器的 2.5 倍。Penryn 处理器比 Cortex-A9 处理器快两倍。

第二个是 XP70 处理器非常节能,它比 ASIC 节能 62 倍和 51 倍。在时间方面,得益于使用 VECx 扩展,仅比 ASIC 慢 3.86 倍。

最后,如果尝试将 Cortex-A9 放在 XP70 和 Penryn 之间,Cortex-A9 比 XP70 处理器更接近 Penryn 处理器,Cortex-A9 消耗的能量与 XP70 之间的比值为 8,Cortex-A9 消耗的能量与 Penryn 之间的比值为 4.5。虽然从时间的角度来看,这些不同处理器之间的比值约为 2。

表 4.19 ASIC、XP70、Cortex-A9、IntelSU9300 与 Penryn ULV

算法	cpp		时间(ns/点)		能耗(pJ/点)		时间比值		能耗比值	
	FIR3	FIR5	FIR3	FIR5	FIR3	FIR5	FIR3	FIR5	FIR3	FIR5
ASIC (BE)	1	1	1.67	1.67	1.99	3.19	1	1	1	1
ASIC (自动)	3	5	5	8.33	11.68	22.11	3	5	6	7
XP70+ Vecx	2.21	2.90	4.91	6.44	123	161	2.95	3.87	62	51
Cortex A9+ Neon	1.70	2.45	0.71	1.02	580	1225	0.43	0.61	427	384
Penryn ULV+ SSE	0.90	1.33	0.38	0.56	3750	5542	0.23	0.33	1884	1737

4.4 本章小结

在本章中,采用多种高层次转换,包括融合运算,软件优化中的循环移位寄存器和硬件优化中的单端口或多端口内存。这些优化也已应用于通用 RISC 处理器,标量和 SIMD 向量中,以比较它们对性能的影响。无论哪种目标架构,融合运算似乎总是有效的。另一方面,循环移位寄存器仅对 ASIC 有效。原因是 Catapult C 软件能够找到适合的面积与性能的元器件,因此它在时钟周期结束之前就能很好地实现电路。这使得在 ASIC 上每个周期运行多个运算成为可能,但这在 RISC 处理器上是不可能的。

现实工作中,当开发者需要级联多个系数可编程滤波器情况下,采用软件流水线版。其原因是软件流水线版能够查看滤波器的中间计算步骤,便于发现计算问题,修改代码简单,而且不需要重新计算滤波器的系数。如果使用硬件通过卷积重新计算滤波器的系数,电路的面积与能耗将极大增加。当开发者需要级联多个系数固定滤波器时,可通过软件提前计算滤波器的系数,因此采用融合版本。

关于 Catapult C 软件性能,可以发现 Catapult C 软件能够很好地理解并通过

C 代码实现软件优化和硬件内存管理优化(内存+状态机)。

本章中还提出了约束优化策略:最佳能耗配置始终与获得最小的 ii 值相关联。由于优化操作,面积仍然增加 30%,而消耗的能量减少 6 或 7 倍。因此,以减少面积和能耗作为目标,用户可以选择由 ii=1 或 ii=自动,给出两种极端配置之间的一系列组合。

最后,如果将 ASIC 的性能与通用处理器进行比较,它的处理速度是最高的,能量消耗得最少,相比通用处理器。另一方面,具有 SIMD 扩展 VECx 的 XP70 处理器在能耗上比 ASIC 仅大 50 倍。因此,这种微处理器是嵌入式控制器的强大竞争者。

针对非递归型滤波器的高层次综合,本章已经评估了 Catapult C 软件的性能。这是一个相对简单的优化案例,下一章将讨论更加复杂的递归型滤波器。

第 5 章　递归型 IIR 滤波器

本章介绍递归型滤波器的优化与实现。与第 4 章形式相同,也分为三个部分。第一部分介绍递归型滤波器的高层次转换,以及定点编码稳定性的问题。第二部分介绍两个级联滤波器的优化。第三部分比较算法转换与优化在通用处理器上运行代码的影响。

5.1　概　述

递归型 IIR 滤波器在信号处理、多媒体技术、模式识别、人工智能等方面已得到广泛应用。递归型 IIR 滤波器,即无限脉冲响应滤波器在硬件或软件中特别难以实现和优化。其原因是当前输出 $y(n)$ 的结果不仅取决于先前输入数据,而且还取决于之前输出结果 $y(n-1),\cdots,y(n-k)$。其数学表达式如下:

$$y(n) = \sum b_k x(n-k) + \sum a_k y(n-k) \tag{5.1}$$

其系统函数为

$$H(z) = \frac{\displaystyle\sum_{k=0}^{M} b_k z^{-k}}{1 - \displaystyle\sum_{k=1}^{N} a_k z^{-k}} \tag{5.2}$$

在本章中,将详细研究递归型 IIR12 滤波器式。在信号与图像领域,这类滤波器很常见。它是著名的 Canny-Deriche[50-52] 滤波器的简化版本。上述滤波器是 Fédérico Garci-Lorca 先生提出,并以他的名字的首字母命名为 FGL 滤波器。由 Didier Demigny 先生[53] 联合十余位作者共同编写的书[54] 对该滤波器做了详细分析,如滤波器的稳定性、代码与系数的位数以及有相关架构的问题。这里所采用的算法转换来自 Didier Demigny 先生主编的书中第 8 章关于 RISC[55] 与第 10 章中关于 VLIW DSP C6x[56] 内容的介绍。

FGL 滤波器是 IIR 滤波器的一种形式,通常用于图像处理。它具有平滑参数 α。对于平滑滤波的值 $\alpha= 0.5$,表示平滑程度强,相当于使用大宽度高斯滤波器。

当 $\alpha = 0.8$ 时,表示平滑程度中等,图像中的噪声较小。当 $\alpha = 1.0$ 时平滑程度很弱,图像中的噪声很小。

为了使用较少的位数参与计算,Didier Demigny 先生提出了一个技巧,即在 3 位中采用 2 的幂形式进行编码表示 γ,即 $\gamma = 2^{-1}\gamma_1 + 2^{-2}\gamma_2 + 2^{-3}\gamma_3$,以使乘法运算能被移位操作替代。这种简化方法已引入到基于 FPGA 的 FGL 滤波器。为避免过度特定化研究,本书没有对 FPGA 进行评估。但是本章中提出的方法同样适用于其他递归型滤波器。

5.2　FGL 递归型滤波器数学形式的转换

FGL 滤波器有三种表达式,分别为 Normal、Factor 和 Delay 形式。

滤波器的标准形式是 Normal 形式,具有 3 次乘法与 2 次加法运算。正如第 4 章的 FIR 滤波器所描述的,需要加入 r 项用于舍入运算,同时滤波算法需要移位与定点计算,并使计算结果 Q_8 归一化。

对于非递归型滤波器而言,为了限制内存访问,循环移位寄存器 Rot 版与展开循环 LU 版本的标量化操作很重要。因为实现复杂算法转换对其而言非常难,而且编译器没有足够聪明可以自主选择循环展开的顺序。英特尔公司已经实现源码转换源码的测试。KAP 能够找到循环展开的顺序,并使代码完全标量化。寄存器操作可以完美地被实现。代码中只保留一个内存。

ENSMP/CRI 公司的 PIPS 工具[31]完美地掌握了上述不同的转换,但它没有任何启发式方法以找到完全标量化循环顺序。

Normal 形式:

$$y(n) = (1 - \gamma)x(n) + (1 - \gamma)\gamma y(n-1) + \gamma^2 y(n-2) \tag{5.3}$$

Normal 形式数组版、Reg 版、LU 版滤波器算法如表 5.1~5.3 所示。

表 5.1　Normal 形式数组版滤波器算法

算法:IIR12 滤波器-Normal 形式数组版
1. r←128
2. Y[0] ←X[0]
3. Y[1] ←X[1]
4. for i = 2 to n−1 do
5. Y[i]←(b0×X[i]+a1×Y[i−1]+a2×Y[i−2]+r)/256

对于具有超标量功能的处理器和 VLIW 处理器而言，根据乘法与加法运算的延迟时间，以及它们的位数，开发基于 Normal 版本而转换的 Factor 表达式是有利的。德州仪器 DSP C6x 中用于 IIR 滤波器的操作就属于上述情况。由于 Catapult C 工具可以在每个时钟周期中实现多个操作，因此可以了解 Catapult C 软件工具将如何处理执行上述操作。通过数学表达式的转换，得到 Factor 形式表达式，如式(5.4)所示。

表 5.2　Normal 形式 Reg 版滤波器算法

算法：IIR12 滤波器-Normal 形式 Reg 版
1. r←128
2. Y[0]←X[0]
3. Y[1]←X[1]
4. for i = 2 to n−1 do
5. x0←X[i−0]
6. y1←Y[i−1]
7. y2←Y[i−2]
8. y0←(b0×x0+a1×y1+a2×y2+r)/256
9. Y[i]← y0

表 5.3　Normal 形式 LU 版滤波器算法

算法：IIR12 滤波器-Normal 形式 LU 版
1. r←128
2. y2←Y[0] ←X[0]
3. y1←Y[1] ←X[1]
4. for i = 2 to n−1 step 3 do
5. x0←X[i+0]
6. y0←(b0×x0 + a1×y1 + a2×y2+r)/256
7. Y[i+0]←y0
8. x1←X[i+1]
9. y2←(b0×x1+a1×y0+a2×y1+r)/256
10. Y[i+1]←y2
11. x2←X[i+2]
12. y1←(b0×x2+a1×y2+a2×y0+r)/256
13. Y[i+2]← y1

Factor 形式：

$$y(n) = x(n) + 2\gamma[y(n-1) - x(n)] - \gamma^2[y(n-2) - x(n)] \qquad (5.4)$$

表 5.4　Factor 形式滤波器算法

算法：IIR12 滤波器-Factor 形式
1. r←128
2. for i = 2 to n−1 do
3. x0←X[i−0],y1←Y[i−1],y2←Y[i−2]
4. y0←(256×x0+a1×(y1−x0)+a2×(y6−x0)+r)/256
5. Y[i]←y0

在 Factor 形式中，乘法运算次数从 3 次减少到 2 次，这会对电路面积产生积极影响。特别是 Catapult C 软件决定只使用一个乘法器并通过选择器重复使用同一个乘法器。然而滤波器的复杂度将提升，该数学表达式有 4 个加法运算，而定点编码 Q_8 需要额外的加法和移位操作用于舍入计算以及需要第二个移位操作以适应 $x(n)$ 的动态变量。数学表达式在浮点运算上乘以 1，而在定点运算中将乘以 2^8，即向左移 8 位。

表达式中 $y(n)$ 和 $y(n-1)$ 只存在一个时钟周期的时间差。为了释放 $y(n)$ 和 $y(n-1)$ 之间的时间约束，使 $y(n-1)$ 项在表达式中消失，即用 $y(n-2)$ 和 $y(n-3)$ 代替 $y(n-1)$。这种形式称为 Delay 形式，因为当前输出 $y(n)$ 与 $y(n-2)$、$y(n-3)$ 之间相差二个时间周期。这样做的目的在于，当数据计算存在关联时，希望多留出一个时钟周期的时间差，从而观察 Catapult C 工具是否能够更加出色地综合出更快的电路。

Delay 形式：

$$y(n) = (1-\gamma)^2 x(n) + 2\gamma(1-\gamma)^2 x(n-1) + 3\gamma^2 y(n-2) - 2\gamma^3 y(n-3)$$

$$(5.5)$$

Delay 形式滤波器算法如表 5.5 所示。

表 5.5　Delay 形式滤波器算法

算法：IIR12 滤波器-Delay 形式
1. r←128
2. for i = 2 to n−1 do
3. x0←X[i−0],y1←Y[i−1],y2←Y[i−2],y3←Y[i−3]
4. y0←(b0×x0+b1×x1+a2×y2+a3×y3+r)/256
5. Y[i] ←y0

这种形式已经在 DSP C6x 得到验证并表明有效性。当滤波信号是一维信号时，不可能同时产生如图像信号的两维信号并行化方式。通过采用软件流水线方式运行代码，得到 ii＝2，而 Normal 形式 ii＝4。在本章的第三部分中将看到，这种形式对于一些通用处理器而言也很乐观。

表 5.6 给出了不同形式的 IIR12 滤波器的算术强度。对于前一章的非递归型滤波器，可以应用循环移位寄存器以减少内存访问次数。这种情况同样适用于本章节。下面是带有标量化 Reg 版与带有循环移位寄存器 Rot 版本。

表 5.6　三种形式 IIR12 滤波器复杂度

版本	乘法	加法	移位	加载	保存	复制	算术强度
Reg 版							
Normal 版	3	3	1	3	1	3	1.75
Factor 版	2	5	2	3	1	0	2.25
Delay 版	4	4	1	4	1	0	1.80
Rot 版							
Normal 版	3	3	1	1	1	2	3.5
Factor 版	2	5	2	1	1	2	4.5
Delay 版	4	4	1	1	1	5	4.5

上一章中的非递归型 FIR 滤波器始终是稳定的。而递归型 IIR 滤波器的稳定性问题一直存在，FGL 滤波器更是如此。FGL[57] 滤波器的稳定性已由其创建者研究。分析得出的结论是，滤波器系数可以用多位进行保存，23 位足够用于保存中间结果。在计算中，假设输入/输出变量为 8 位，计算结果则需要 16 位。

从硬件角度而言，完全可以使 ASIC 或 FPGA 执行 8 位变量 ＊ 8 位变量→16 位变量的操作，正如 VHDL 语言就是为此而设计的。由于采用 ac_int 和 ac_fixed 类型，Catapult C 能够提供与 C 语言相同的功能。在通用处理器上使用 SIMD 代码，目前还没有 32 位 SIMD 乘法器。

在英特尔架构中，存在更大的乘法器。SSE4.2 AVX2 和 AVX-512 中有一个专为加密应用而设计的 SIMD 代码，其中两个 32 位的乘积得到 64 位。使用这样的指令会导致在并行性中显著损失。因此，此处表达式必须限制为 16 位的变量 ＊ 16 位的变量→32 位的变量→取 32 位变量中的 16 位，并通过加入计算校正策略以校正结果。

对于 FGL 滤波器的第二个问题是滤波器的系数 a_2 是负数。当 $i<0$ 时，$x(i)=y(i)=255$，如表 5.7 所示的情况。当 $i=0$ 时，输入值为零，$x(i)=0$。由于系数 a_1 和 a_2 之和必须小于 1，因此滤波器的结果将产生一个递减数字序列，最终将达到零。在这种情况下，有时会有溢出情况出现，二进制补码的使用使结果为正数，如表 5.7 中 $i=9$ 的值。

目前存在多种计算方法。将浮点系数截断转换为整形系数可导致系数总和虚假。修正的方法是可以修改最后一个系数或所有系数，以校正系数总和。然后把滤波器的计算结果默认（截断）或舍入。最后的结果在 0 到 255 之间区间变动。

表 5.7 展示了滤波器的结果。滤波器的输出值 $\alpha=-\ln2$，即 $\gamma=1/2$，该取值表示平滑度重要，当图像信号非常嘈杂时。把计算的结果做四舍五入操作，对于滤波器结果而言似乎足够精确。否则，滤波器的下一个输出结果将为 255，然后将重复一串下降的循环值。可以注意到，对于 IIR11 滤波器（参见本章的第二部分中两个 IIR11 滤波器级联），滤波器是稳定的，该问题没有出现，因为 IIR11 滤波器的系数是正数，系数之和为 1。

表 5.7 IIR12 和 IIR11 不同的计算策略下滤波器的稳定性

i	−2	−1	0	1	2	3	4	5	6	7	8	9	10	11	12
IIR12 滤波器															
虚假总和	255	255	190	125	77	45	25	13	6	2	0	255	254	189	124
虚假总和进位	255	255	190	126	78	46	14	7	3	1	0	0	0	0	0
修改总和	255	255	192	129	81	49	29	17	9	4	1	0	255	254	191
修改总和进位	255	255	192	129	82	50	30	18	11	7	4	2	1	1	1
IIR11 滤波器															
虚假总和	255	255	126	62	30	14	6	2	0	0	0	0	0	0	0
虚假总和进位	255	255	1277	63	31	15	7	3	1	0	0	0	0	0	0
修改总和	255	255	127	63	31	15	7	3	1	0	0	0	0	0	0
修改总和进位	255	255	128	64	32	16	8	4	2	1	0	0	0	0	0

5.3　多种数学形式的同一滤波器对比

5.3.1　三种数学形式的同一滤波器的对比

表 5.8 展示了不同频率、ii 值与滤波代码执行时间（以 ps 为单位）的结果。为简化计算，此处假设的条件是滤波器持续时间恰好等于循环次数。如果不考虑面积和消耗的条件约束，Delay 形式运行时间为 5.0ps，而 Normal 形式运行时间 6.0ps，Factor 形式运行时间 6.7ps。因此 Catapult C 软件允许综合生成更高的工作频率和低于其他形式的 ii 值，Delay 形式在速度上最快。

表 5.8 列出了三种形式滤波器的 Reg 版本结果。Delay 形式所涉及算术运算符的数量在电路特征面积、功率和能耗上不具有竞争力。然而，它在某些情况下作用显著。它可以在工作频率较高条件下，综合生成电路，而其他形式无法做到。与 FIR3 滤波器相比，IIR 滤波器必须至少执行三个时钟周期。这是因为 IIR 滤波器的数据存在关联性，有可能需要 4 个时钟周期才能生成 600MHz 的电路。如果 ii＝3，则 Normal 形式可综合生成 500MHz 的电路，Factor 形式仅可达到 400MHz 的电路，而 Delay 形式能够达到 600MHz 的电路。

表 5.8　IIR12 滤波器的运行时间、工作频率与 ii 值

频率（MHz）	400	500	600
时钟周期（ps）	2.5	2.0	1.67
ii＝3	7.5	6.0	5.0
ii＝4	10.0	8.0	6.7

试比较 Normal 和 Factor 形式，Factor 形式能够系统地带来面积与能耗的开销（见表 5.9）。如果与 FIR3 滤波器 Reg 版本比较，可以观察到数据的关联性对面积、功耗与能耗有着负面影响，即对于相同数量的加法和乘法运算符的滤波器，递归型滤波器综合生成更大的面积，消耗更多的能量。

IIR 滤波器中使用同样的软件优化，包括循环移位寄存器与展开循环迭代以及硬件优化，如使用双端口内存存储器。由于 IIR12 滤波器在输出端需要两次访问内存存储器空间，因此在输出端使用交错内存存储器意义不大，可以使用双端口内存存储器。

表 5.9　IIR12 滤波器＋单端口内存＋Reg,面积、功耗与能耗,频率从 100 至 600MHz

形式	频率(MHz)	100	200	300	400	500	600
面积(μm^2)							
Normal	ii＝自动	3 976	3 987	4 034	4 321	4 683	4 933
Normal	ii＝1	—	—	—	—	—	—
Normal	ii＝2	—	—	—	—	—	—
Normal	ii＝3	5 385	4 612	4 697	5 192	5 842	—
Normal	ii＝4	4 142	5 683	5 854	5 217	5 601	5 610
Factor	ii＝自动	3 570	3 775	3 987	4 216	5 111	4 308
Factor	ii＝1	—	—	—	—	—	—
Factor	ii＝2	—	—	—	—	—	—
Factor	ii＝3	3 611	3 717	4 808	4 293	—	—
Factor	ii＝4	3 590	3 830	3 931	4 911	4 635	5 003
Delay	ii＝自动	4 642	4 642	4 819	4 886	5 335	5 759
Delay	ii＝1	—	—	—	—	—	—
Delay	ii＝2	—	—	—	—	—	—
Delay	ii＝3	5 045	5 045	5 123	5 691	6 277	7 117
Delay	ii＝4	5 322	5 273	5 562	5 736	7 182	6 526
功耗(μW)							
Normal	ii＝自动	251.70	383.53	515.51	701.90	907.37	1 102.48
Normal	ii＝1	—	—	—	—	—	—
Normal	ii＝2	—	—	—	—	—	—
Normal	ii＝3	361.48	431.54	594.17	884.19	1 246.32	—
Normal	ii＝4	267.95	590.10	801.96	848.04	1 112.23	1 352.07
Factor	ii＝自动	229.66	370.16	509.94	685.82	1 002.21	957.42
Factor	ii＝1	—	—	—	—	—	—
Factor	ii＝2	—	—	—	—	—	—
Factor	ii＝3	232.11	366.47	617.18	760.19	—	—
Factor	ii＝4	230.87	384.18	536.42	813.57	1 035.75	1 186.13
Delay	ii＝自动	284.46	433.72	613.92	771.39	978.03	1 235.65
Delay	ii＝1	—	—	—	—	—	—
Delay	ii＝2	—	—	—	—	—	—
Delay	ii＝3	306.90	470.41	647.09	958.18	1 290.30	1 701.92
Delay	ii＝4	340.21	523.37	747.49	965.38	1 322.12	1 501.42

(续表)

形式	频率(MHz)	100	200	300	400	500	600
能耗(pJ/点)							
Normal	ii=自动	12.60	11.52	10.32	12.29	12.71	12.87
Normal	ii=1	—	—	—	—	—	—
Normal	ii=2	—	—	—	—	—	—
Normal	ii=3	10.88	6.49	5.96	6.65	7.50	—
Normal	ii=4	10.74	11.84	10.73	8.49	8.91	9.04
Factor	ii=自动	9.20	9.26	10.21	10.30	14.04	9.58
Factor	ii=1	—	—	—	—	—	—
Factor	ii=2	—	—	—	—	—	—
Factor	ii=3	6.98	5.51	6.19	5.72	—	—
Factor	ii=4	9.25	7.70	7.16	8.16	8.30	7.92
Delay	ii=自动	17.07	13.01	14.32	15.43	17.60	16.47
Delay	ii=1	—	—	—	—	—	—
Delay	ii=2	—	—	—	—	—	—
Delay	ii=3	9.22	7.07	6.48	7.20	7.76	8.53
Delay	ii=4	13.63	10.49	9.98	9.67	10.60	10.03
面积:BS/BE							
Normal		1.04	1.16	1.16	1.20	1.25	1.14
Factor		1.01	1.00	1.22	1.02	1.00	1.16
Delay		1.09	1.09	1.06	1.16	1.18	1.24
功耗:BS/BE							
Normal		1.17	1.78	1.73	1.85	1.69	1.42
Factor		1.32	1.00	1.65	1.80	1.69	1.21
Delay		1.85	1.84	2.21	2.14	2.27	1.93

5.3.2　三种形式同一滤波器优化对比

比较软件优化的 Rot 版与硬件优化的 DP 内存存储器版本(见表 5.10、5.11)。首个区别是 DP 内存存储器无法实现在 1 个时钟周期内综合生成结果。通过详细分析 Catapult C 软件生成的结果,很明显这已经不是电子元器件速度的问题,否则至少可以在低频率下综合生成结果(例如 100 或者 200MHz 工作频率)。在 Catapult C 软件中,软件没有遵守时序的问题是在第一个时钟周期中实现了加载,在第二个周期中实现了保存。所以循环移位寄存器效率更高,因为它允许综合生成结果且 ii 的值为 1。Normal、Factor 与 Delay 形式的 DP 版平均增益分别为 2.14、1.86 和 2.35 倍,而它的能耗增益为 4.42、4.11 和 4.57 倍。

分析不同配置版本的最小能量(对于最小值 ii 可能获得最佳能耗)或最小面积(对于 ii 的值在 3、4 或 5 个循环周期振荡可能获得最佳面积),最佳能耗的值更接近最佳面积的值。在非递归型滤波器,面积平均增加 1.10 倍,SP＋Reg 与 DP＋Reg 配置的能耗减少 1.50 倍。对于递归型滤波器的三种形式,情况也是如此。

循环移位寄存器差距日益扩大。所有形式的面积约为 1.5 倍,而 Normal 形式为 2.8 倍,Factor 与和 Delay 形式为 3.8 倍。

Normal、Factor 与 Delay 形式,三种形式中最优化的版本是 Rot 版。以最小化能耗为电路指标,Factor 形式比 Normal 形式更好。以最小化面积为电路指标,Normal 形式更好些。最佳配置 BS(Normal＋Rot)的平均面积为 3 814μm^2,而最佳配置 BS(Factor＋Rot)为 4 029μm^2。另一方面,Delay 形式总是更复杂,需要更大面积或更高能耗。但使用 Delay 形式的主要意义在于存在能够综合生成更高频率电路的可能性。因此,最佳版本的选择不如非递归型滤波器那么简单。

表 5.10 IIR12 滤波器＋单端口内存＋Rot 版本,面积、功耗与能耗,频率从 100 至 600MHz

形式	频率(MHz)	100	200	300	400	500	600
面积(μm^2)							
Normal	ii＝自动	3 677	3 677	3 677	3 839	4 004	4 363
Normal	ii＝1	5 102	5 342	5 342	5 616	6 926	—
Normal	ii＝2	4 265	4 265	4 630	4 943	5 295	6 214
Normal	ii＝3	3 720	3 720	3 720	4 026	4 278	4 542
Normal	ii＝4	3 559	3 559	3 559	3 939	4 127	4 590
Factor	ii＝自动	3 666	3 842	4 007	4 092	4 243	4 660
Factor	ii＝1	4 559	4 559	5 070	5 745	6 041	6 968
Factor	ii＝2	4 066	4 066	4 401	4 784	5 051	5 064
Factor	ii＝3	3 701	3 701	4 534	4 467	4 607	5 353
Factor	ii＝4	3 586	3 586	4 303	4 154	4 399	4 852
Delay	ii＝自动	5 176	4 494	4 568	4 760	4 999	5 701
Delay	ii＝1	6 658	7 336	7 749	7 823	9 915	9 625
Delay	ii＝2	4 824	5 510	5 499	6 270	7 139	8 931
Delay	ii＝3	4 798	5 322	5 505	5 501	6 261	7 856
Delay	ii＝4	4 792	4 658	5 072	5 421	5 349	5 963

（续表）

形式	频率(MHz)	100	200	300	400	500	600
功耗(μW)							
Normal	ii＝自动	227.51	349.87	471.46	635.31	804.82	999.42
Normal	ii＝1	272.57	433.72	578.41	770.37	1 255.54	—
Normal	ii＝2	245.48	373.95	581.45	770.10	993.49	1 430.70
Normal	ii＝3	229.35	353.89	475.12	693.11	890.64	1 106.94
Normal	ii＝4	216.77	333.27	449.06	662.52	838.73	1 065.93
Factor	ii＝自动	233.02	372.22	509.10	638.97	806.43	1 074.72
Factor	ii＝1	259.77	392.96	631.10	945.72	1 220.33	1 610.27
Factor	ii＝2	274.71	430.43	631.77	819.47	1 042.57	1 213.17
Factor	ii＝3	235.58	363.48	625.87	758.61	952.66	1 198.49
Factor	ii＝4	223.30	342.73	590.28	698.39	898.37	1 180.36
Delay	ii＝自动	311.17	444.37	593.06	800.54	980.70	1 285.46
Delay	ii＝1	356.84	632.78	943.61	1 185.92	1 973.44	2 156.45
Delay	ii＝2	295.32	557.57	777.97	1 120.82	1 507.97	1 994.47
Delay	ii＝3	286.21	485.14	721.72	918.29	1 248.69	1 638.18
Delay	ii＝4	281.24	470.54	719.62	858.41	1 133.18	1 424.36
能耗(pJ/点)							
Normal	ii＝自动	9.11	7.01	6.30	7.95	8.06	8.34
Normal	ii＝1	2.75	2.19	7.60	1.94	2.53	—
Normal	ii＝2	4.93	3.75	3.89	3.87	3.99	4.79
Normal	ii＝3	6.90	5.32	4.76	5.21	5.36	5.55
Normal	ii＝4	8.68	6.68	6.00	6.64	6.72	7.12
Factor	ii＝自动	9.33	9.32	8.49	9.59	9.69	10.76
Factor	ii＝1	2.62	1.98	2.12	2.39	2.46	2.71
Factor	ii＝2	5.52	4.32	4.23	4.12	4.19	4.06
Factor	ii＝3	7.08	5.46	6.28	5.71	5.73	6.01
Factor	ii＝4	8.95	6.86	7.89	7.00	7.20	7.88
Delay	ii＝自动	12.46	11.11	11.86	14.01	15.69	12.86
Delay	ii＝1	3.60	3.19	3.17	2.99	3.99	3.63
Delay	ii＝2	5.92	5.59	5.20	5.63	6.06	6.68

（续表）

形式	频率（MHz）	100	200	300	400	500	600
能耗（pJ/点）							
Delay	ii＝3	8.60	7.29	7.23	6.90	7.51	8.21
Delay	ii＝4	11.26	9.42	9.61	8.59	9.08	9.51
面积：BS/BE							
Normal		1.43	1.50	1.50	1.46	1.73	1.42
Factor		1.27	1.27	1.27	1.40	1.42	1.50
Delay		1.39	1.63	1.70	1.64	1.98	1.69
功耗：BS/BE							
Normal		3.16	3.05	1.54	4.10	3.18	1.74
Factor		3.42	3.47	4.00	4.01	3.93	3.97
Delay		3.13	3.48	3.74	4.68	3.93	3.54

表 5.11　IIR12 滤波器＋双端口内存＋Reg 版本，面积、功耗与能耗，频率从 100 至 600MHz

形式	频率（MHz）	100	200	300	400	500	600
面积（μm^2）							
Normal	ii＝自动	4 517	4 551	4 802	4 608	4 806	5 622
Normal	ii＝1	—	—	—	—	—	—
Normal	ii＝2	5 410	5 496	5 496	6 029	—	—
Normal	ii＝3	5 149	5 989	6 111	5 577	6 949	
Normal	ii＝4	4 647	5 175	5 175	5 537	6 559	7 117
Factor	ii＝自动	4 189	4 394	4 583	4 659	4 779	5 063
Factor	ii＝1	—	—	—	—	—	—
Factor	ii＝2	4 731	4 731	5 070	4 992	—	—
Factor	ii＝3	4 228	4 228	4 323	4 621	5 309	5 618
Factor	ii＝4	4 173	4 173	5 155	4 666	5 377	5 711
Delay	ii＝自动	5 114	5 138	5 256	5 480	5 666	6 236
Delay	ii＝1	—	—	—	—	—	—
Delay	ii＝2	7 095	7 028	7 591	7 726	9 434	9 747
Delay	ii＝3	5 478	6 511	6 744	6 777	7 957	7 627
Delay	ii＝4	5 339	5 737	5 649	7 050	7 437	8 243

（续表）

形式	频率(MHz)	100	200	300	400	500	600
功耗(μW)							
Normal	ii＝自动	283.94	431.33	623.68	748.75	931.03	1 234.58
Normal	ii＝1	—	—	—	—	—	—
Normal	ii＝2	295.10	446.89	593.90	864.27		
Normal	ii＝3	318.18	575.05	805.94	905.86	1 392.10	—
Normal	ii＝4	275.30	440.56	646.58	757.66	944.75	1 165.39
Factor	ii＝自动	—	—	—	—	—	—
Factor	ii＝1	275.30	440.56	646.58	757.66	944.75	1 165.39
Factor	ii＝2	—	—	—	—	—	—
Factor	ii＝3	280.54	426.64	650.11	967.85	—	—
Factor	ii＝4	281.60	437.18	627.99	894.67	982.61	1 396.75
Delay	ii＝自动	316.94	484.79	679.54	859.72	1 073.49	1 288.40
Delay	ii＝1	—	—	—	—	—	—
Delay	ii＝2	430.47	647.52	892.19	1 252.79	1 630.15	1 927.25
Delay	ii＝3	335.59	624.62	881.27	1 119.22	1 475.36	1 680.12
Delay	ii＝4	323.58	551.08	757.58	1 141.76	1 367.53	1 831.84
能耗(pJ/点)							
Normal	ii＝自动	14.21	12.95	14.56	13.11	13.04	14.41
Normal	ii＝1	—	—	—	—	—	—
Normal	ii＝2	5.92	4.48	3.97	4.33	—	—
Normal	ii＝3	9.56	8.65	8.08	6.81	8.37	—
Normal	ii＝4	12.00	10.56	9.52	8.82	10.31	11.00
Factor	ii＝自动	11.03	11.02	10.79	11.37	11.35	11.66
Factor	ii＝1	—	—	—	—	—	—
Factor	ii＝2	5.63	4.28	4.35	4.86		
Factor	ii＝3	8.46	6.57	6.29	6.72	5.91	7.00
Factor	ii＝4	11.00	8.50	9.43	8.53	8.10	8.60
Delay	ii＝自动	19.02	16.97	18.12	19.34	19.32	17.17
Delay	ii＝1	—	—	—	—	—	—
Delay	ii＝2	8.64	6.50	5.97	6.29	6.55	6.45

（续表）

形式	频率（MHz）	100	200	300	400	500	600
能耗（pJ/点）							
Delay	ii＝3	10.08	9.39	8.83	8.41	8.87	8.42
Delay	ii＝4	12.95	11.03	10.11	11.43	10.95	12.23
面积：BS/BE							
Normal		1.20	1.21	1.14	1.31	1.45	1.27
Factor		1.13	1.13	1.17	1.08	1.11	1.11
Delay		1.39	1.37	1.44	1.41	1.67	1.56
功耗：BS/BE							
Normal		2.40	2.89	3.67	3.03	1.56	1.31
Factor		1.96	1.99	1.45	1.00	1.00	1.23
Delay		2.20	2.61	3.04	3.08	2.95	2.66

总增益与最小化能耗，最佳解决方案与所寻求电路目标密切相关。它们的共同点是使用循环移位寄存器系统地带来增益，无论是面积还是能耗。因此，如果最小化面积，那么最佳解决方案是采用 Normal 形式，而如果最小化能耗，则是采用 Factor 形式。在上述情况下，总能耗增益平均值为 5 倍（见 5.12）。

表 5.12　IIR12 滤波器的能耗 Normal 形式基础版与最优化版的比值

频率（MHz）	100	200	300	400	500	600	平均值
Normal＋SP＋Reg 版与 Factor＋SP＋Rot 版比值							
面积增加	1.15	1.14	1.26	1.33	1.29	1.41	1.26
能耗减少	4.81	5.82	4.86	5.14	4.16	4.75	5.09

5.3.2.1　Delay 形式的使用

在本实验进行第一次测试时，一个版本被快速书写代码以分析 Catapult C 软件的性能。它几乎与后来开发的版本相同：计算位数用 Q_8 表示，8 位的输入和输出变量，16 位的中间结果和滤波器系数，并使滤波器参数化。没有舍入操作，并且数组变量使用 C 代码的全局变量。这可以帮助 Catapult C 优化代码，就像 F77 编译器可以进行更多优化，相比 C89 编译器，C89 中存在指针别名，而 Fortran 77 中缺少指针别名。这个实验无法重做，因为随后更新了一个更强大的 Captapult C 版本。

第一次测试的结果，表 5.13 展示了截取操作的结果，表 5.14 展示了进位操作的结果。

表 5.13　IIR12 滤波器算法 Delay 形式截取操作

算法:IIR12 滤波-Delay 形式截取操作
1. uint8 iir12(sint8 b0,sint8 a1,sint8 a2){
2. int i;
3. Y[0]=Y[1]=X[0];
4. for(i=2;i>n;i++){
5. Y[i]=(uint8)((b0×X[i] + b1×X[i−1]+a2×Y[i−2]+a3×Y[i−3])≫8);
6. }

表 5.14　IIR12 滤波器算法 Delay 形式进位操作

算法:IIR12 滤波-Delay 形式截取操作
1. #define b0 h[0]
2. #define a1 h[1]
3. #define a2 h[2]
4. uint8 iir12(uint8 X[N],uint8 Y[N],sint8 H[3]){
5. int i ;
6. sint16 round =1≪7;
7. sint8 h[3];h[0]=H[0];h[1]=H[1];h[2]=H[2];
8. Y[0] = Y[1]=X[0];
9. for(i=2;i>n;i++){
10. Y[i]=(uint8)((b0×X[i] + b1×X[i−1] + a2×Y[i−2] + a3×Y[i−3]+round)≫ 8);
11. }
12. }

在进位操作表 5.14 中,滤波器的系数保存在本地数组中,而不是保存在三个独立寄存器中。这将简化自动代码生成部分,并不会对性能产生任何影响。

在截取操作表 5.15 中,Delay 形式的优势是显而易见的。它是唯一一个能够在 800MHz 条件下进行综合生成结果,其他版在 400MHz 条件下停止综合生成结果。Delay 形式综合生成的结果在面积方面更大并消耗更多的能量,但它的速度是其他版本的两倍(因为所有通道均为 1 点/循环)。

从另一种角度而言,使用之前的工艺技术(相比 32nm 或 25nm),该版本可以达到高频率,因此更加具有性价比。使用新版本的 Catapult C 软件,优势不再像 Normal 和 Factor 形式那样可以在高达 600MHz 的频率条件下综合生成结果,但优势仍然存在,Delay 形式的速度比其他形式快 50%(见表 5.16)。

表 5.15 IIR12 滤波器的 Rot 截取版

形式	Normal		Factor		Delay			
频率(MHz)	200	400	200	400	200	400	600	800
面积(μm^2)								
ii=自动	3 780	3 762	3 635	3 931	4 469	4 830	5 517	9 963
ii=1	5 274	5 527	3 984	4 789	6 769	7 817	8 239	9 872
ii=2	4 746	4 739	3 555	4 048	5 425	6 012	6 285	8 024
ii=3	4 163	4 557	3 492	3 824	5 204	5 585	6 496	10 354
ii=4	4 019	3 944	3 475	3 924	4 925	5 211	5 648	10 750
BE/BS	1.40	1.39	1.10	1.22	1.51	1.62	1.49	1.00
能耗(pJ/点)								
ii=自动	5.88	9.20	5.66	7.34	9.73	16.02	14.63	20.43
ii=1	2.12	1.65	1.40	1.77	2.02	2.97	2.73	3.02
ii=2	3.15	3.98	3.18	3.53	3.54	5.17	5.28	6.29
ii=3	4.88	5.23	4.50	4.49	5.41	6.97	7.55	8.53
ii=4	5.82	6.86	5.74	6.20	7.41	9.27	9.19	11.87
BE/BS	2.78	5.58	4.05	4.14	4.81	5.40	5.35	6.77

表 5.16 IIR12 滤波器的 Rot 进位版

形式	Normal		Factor		Delay		
频率(MHz)	200	400	200	400	200	400	600
面积(μm^2)							
ii=自动	3 677	3 839	3 842	4 092	4 494	4 760	5 701
ii=1	5 342	5 616	4 559	5 745	7 336	7 823	9 625
ii=2	4 265	4 943	4 066	4 784	5 510	6 270	8 931
ii=3	3 720	4 026	3 701	4 467	5 322	5 501	7 856
ii=4	3 559	3 939	3 586	4 154	4 658	5 421	5 963
BE/BS	1.50	1.46	1.27	1.40	1.63	1.64	1.69

形式	Normal		Factor		Delay		
频率（MHz）	200	400	200	400	200	400	600
能耗（pJ/点）							
ii＝自动	7.01	7.95	8.34	9.32	11.11	14.01	12.86
ii＝1	2.19	1.94	—	1.98	3.19	2.99	6.63
ii＝2	3.75	3.87	4.79	4.32	5.60	5.63	6.68
ii＝3	5.32	5.21	5.50	5.47	7.29	6.90	8.21
ii＝4	6.68	6.64	7.12	6.87	6.01	8.53	9.51
BE/BS	3.05	4.10	1.74	3.47	3.48	4.68	3.54

5.3.2.2　尝试重新安排计算顺序

当查看 Normal 形式代码计算的执行顺序时，对于其他两种形式也是如此，Catapult C 软件实现了不可思议的时间调度。以具有标量化且没有定点计算部分版本简化表达式为例，$y_0 = b_0 * x_0 + a_1 * y_1 + a_2 * y_2$。究其原因是计算的顺序从最远项到最近项，或者从左到右计算的表达式：$y_0 = b_0 * x_0 + a_2 * y_2 + a_1 * y_1$。其中乘以 $y(n-1)$ 是三次乘法中的最后操作。但事实并非如此，它执行第二项。本表达式添加括号以限制执行顺序，即 $y_0 = b_0 * x_0 + a_2 * y_2 + a_1 * y_1$，但是依然没效果。考虑软件所使用的乘法器，$a_1 * y_1$ 的乘法器具有更大的面积并且比其他两个乘法器更快，这是合乎逻辑的，鉴于此该执行顺序或许具有更严格的约束。

本实验的结论是，正如所有"普通"编译器优化一样，通过安排计算时间顺序、执行优化操作，以了解 Catapult C 软件如何艰难地选用元器件。有时工具的选择是超出人类认知的。Catapult C 软件执行的效果仍然非常有效。

5.4　两个递归型滤波器算法及优化方法

正如前一章的 FIR 滤波器，本章对两个 IIR 滤波器优化的实现感兴趣。然而，有两点不同的是，首先中间内存的能耗在此将被考虑。其次，将两个 IIR12 滤波器组合在一起会产生一个 IIR14 滤波器，而 IIR14 滤波器在图像处理中并不常见。

另一方面，研究 IIR12 滤波器实际上是重复使用两次相同的 IIR11 滤波器的串行应用。通过计算 IIR11 滤波器传递函数的平方以求出其系数。因此,IIR11 滤波器将在此处予以讨论。由于 IIR11 滤波器的系数是正数,因此滤波器的实现似乎不会提出许多问题,如本章中表 5.17～5.19 所示。

如果必须在滤波器的输出端添加一个运算符,那么是 Garcia-Lorca 先生提出的罗伯特梯度算子,但这会阻止简单的比较操作,因为这个运算符需要 4 点(2×2)输入结构,必须重复两次 IIR12 滤波器并添加移位寄存器以模拟 2×2 邻域。这将极大地增加 C 代码复杂度。由于上述因素,因此考虑两个 IIR11 滤波器的序列,当它们融合时,得到之前所研究的 IIR12 滤波器。

正如 IIR12 滤波器存在 Factor 与 Delay 形式。IIR11 滤波器的 Factor 形式需要对 $x(n)$ 项进行额外的乘法运算。

Normal 形式:

$$y(n) = (1-\gamma)x(n) + \gamma y(n-1) \tag{5.6}$$

表 5.17　IIR11 滤波 Normal 形式 Reg 版

算法:IIR11 滤波 Normal 形式-Reg 版
1. Y[0]←X[0],r←128
2. loop from i←1 to n−1 do
3. x0 ←X[i],y1 ←Y[i−1]
4. Y[i]←(a0×x0 + b1×y1 + r)/256

$$H(z) = \frac{1-\gamma}{1-\gamma z^{-1}} \tag{5.7}$$

$$H(z) = \frac{(1-\gamma)^2}{1-2\gamma z^{-1} + \gamma^2 z^{-2}} \tag{5.8}$$

表 5.18　IIR11 滤波 Factor 形式 Reg 版

算法:IIR11 滤波 Factor 形式-Reg 版
1. Y[0]←X[0],r←128
2. loop from i←1 to n−1 do
3. x0 ←X[i],y1 ←Y[i−1]
4. Y[i]←(256×x0 + b1×(y1 − x0) + r)/256

Factor 形式:

$$y(n) = x(n) + \gamma[y(n-1) - x(n)] \tag{5.9}$$

Delay 形式:

$$y(n) = (1-\gamma)x(n) + (1-\gamma)\gamma x(n-1) + \gamma^2 y(n-2) \tag{5.10}$$

表 5.19　IIR21 滤波 Delay 形式 Reg 版

算法:IIR21 滤波延迟式-Reg 版
1. $Y[0] \leftarrow X[0], Y[1] \leftarrow X[1], r \leftarrow 128$
2. loop from $i \leftarrow 2$ to $n-1$ do
3. $x0 \leftarrow X[i], x1 \leftarrow X[i-1], y2 \leftarrow Y[i-2]$
4. $y0 \leftarrow (a0 \times x0 + a1 \times x1 + b2 \times y2 + r)/256$
5. $Y[i] \leftarrow y0$

表 5.20 给出了三种形式基本配置的复杂度以及优化版的循环移位寄存器 (Rot) 的算术强度。如前所述, 与定点计算有关的附加操作:右移位除以 256, 左移位乘以 256。在所有配置情况下, 算术强度较小, 除了最后一个 Delay + Rot 配置版本算术强度达到 3.5。

表 5.20　三种形式 IIR12 滤波器复杂度

版本	乘法	加法	移位	加载	保存	复制	算术强度
Reg 版							
Normal 版	2	2	1	2	1	0	1.67
Factor 版	1	3	2	2	1	0	2.00
Delay 版	3	3	1	3	1	0	1.75
Rot 版							
Normal 版	2	2	1	1	1	1	2.5
Factor 版	1	3	2	1	1	1	3.0
Delay 版	3	3	1	1	1	5	3.5

表 5.21 列出了 Normal 和 Factor 形式的面积与能耗。Delay 形式的结果显示在附录中, 正如之前对 IIR12 滤波器所说的那样, Delay 形式的兴趣点在于可以在高频率下(高于 Normal 和 Factor 形式)综合生成电路结果。Delay 形式以更复杂为代价, 意味着电路在面积和能耗方面表现不佳。

表 5.21 整合了两个 IIR 级联滤波器的所有软件与硬件优化版本。第一部分描述单个 IIR11 滤波器的性能。第二部分级联两个 IIR11 滤波器, 同时加入中间内存的能耗。第三部分涉及通过 FIFO 连接两个滤波器。最后部分融合两个 IIR11 滤波器并构成一个 IIR12 滤波器。

表 5.21　IIR11 滤波器的面积与能耗平均值

形式	Normal 形式					Factor 形式				
内存	SP	DP	SP	SP	DP	SP	DP	SP	SP	DP
优化	Reg	Reg	Rot	LU	LU	Reg	Reg	Rot	LU	LU
单个 IIR11 滤波器										
面积 BS	3 450	3 258	3 252	3 664	3 918	2 891	2 966	2 836	3 526	3 560
面积 BE	4 201	3 334	4 353	5 176	6 471	2 966	3 103	2 998	3 885	4 620
能耗 BS	7.99	4.80	5.21	8.98	9.60	3.88	4.43	2.85	8.34	8.30
能耗 BE	4.68	3.66	1.75	4.30	3.97	2.97	3.09	1.30	3.59	3.14
ii(BE)	2	2	1	2	1	2	2	1	2	1
两个 IIR11 滤波器										
面积 BS	6 900	6 516	6 504	7 328	7 836	5 782	5 932	5 672	7 052	7 120
面积 BE	8 402	6 668	8 706	10 352	12 942	5 932	6 206	5 996	7 770	9 240
能耗 BS	15.98	9.60	10.42	17.95	19.19	7.76	8.86	5.70	16.68	16.61
能耗 BE	9.36	7.32	3.51	8.61	7.93	5.94	6.19	2.59	7.17	6.29
ii(BE)	2	2	1	2	1	2	2	1	2	1
两个 IIR11 滤波器＋中间内存										
面积 BS	19 560	31 081	19 180	19 063	30 942	18 682	30 215	18 254	19 001	30 525
面积 BE	20 595	32 360	22 480	20 862	34 037	19 218	30 658	19 536	19 433	32 110
能耗 BS	58.70	65.05	46.51	94.02	122.30	45.58	53.19	39.63	94.21	106.47
能耗 BE	28.24	31.80	20.26	50.80	48.52	26.99	30.84	18.66	48.93	46.53
ii(BE)	2	2	1	2	1	2	2	1	2	1
两个 IIR11 滤波器＋流水线										
面积 BS	4 441	4 049	4 399	5 105	5 350	3 741	3 657	3 587	5 667	5 703
面积 BE	6 343	5 112	7 781	9 018	12 016	4 444	3 831	4 886	6 575	7 724
能耗 BS	11.84	10.28	12.18	22.48	22.26	5.62	6.84	7.39	14.72	14.04
能耗 BE	6.47	5.23	3.13	7.27	7.14	4.62	4.14	2.07	6.05	5.80
ii(BE)	2	2	1	2	1	2	2	1	2	1

（续表）

形式	Normal 形式					Factor 形式				
IIR12 滤波器										
面积 BS	4 322	4 818	3 814	5 917	6 358	4 063	4 522	4 029	6 345	7 001
面积 BE	5 016	6 083	5 757	11 007	12 435	4 345	5 075	5 490	12 146	11 984
能耗 BS	12.05	13.72	7.62	28.53	29.04	9.81	7.53	9.06	27.78	27.07
能耗 BE	7.73	6.35	3.01	13.04	12.11	6.77	5.34	2.38	12.85	12.66
ii(BE)	3	2	1	3	2	3	2	1	3	2

表 5.21 所有部分展现出的数字是面积和能量的平均值、最小化面积和最小化能量。对于每个最小化能量配置，给出所对应的 ii 值。

使用 1 024 个 8 位的中间数组级联两个滤波器的设计是简单的，与 C 语言的普通方式相同。该设计方法在教学方面的目的（内存的能耗与面积是已知）是强调数据流运算符的重要性，同时尽量避免在中间内存保存数据。因为中间内存的能耗是滤波电路本身的两倍以上，并且面积也大于滤波电路本身。

硬件优化与软件优化，使用双端口内存存储器，产生的结果是 ii＝1 的配置不能综合生成结果。因此，Rot 版的优化在所有情况下都占优势（对于所有优化组合）：SP ＋ Rot 版配置获得 BS 和 BE 的最佳结果。值得注意的是，无论是采用单端口还是双端口内存，展开循环优化都是低效的。

级联，流水线和融合：如果比较 Rot 版的结果，Catapult C 软件似乎能够优化流水线版本。面积减少在 1.12 到 1.58 倍之间，而能耗减少为 1.12 至 1.25 倍。如果比较流水线和融合版本的结果，BE 的面积对于 Normal 形式会降低，而对于 Factor 形式则会增加，所消耗的能量相反，这与所有以前的结果相符合。表明面积与能耗两个变量的逆变化。

Normal 形式与 Factor 形式，不能单独分析 Normal 与 Factor 形式的流水线或融合运算符版。从整体观察，所有组合中最好的是 Factor 形式的流水线版。如果对比基本版本（BS＋SP＋Reg），则面积平均增益为 6 900/5 757＝1.20 倍，能耗平均增益为 9.36/3.01＝3.11 倍。

如果与最佳 Factor 形式（流水线，BE ＋ SP ＋ Rot 版本）进行比较，则增益仍然增加，面积为 6 900/4 886＝1.41 倍，能耗为 9.36/2.07＝4.52 倍。因此，对于这两种配置，同时赢得能耗和面积。

5.5　多种处理器的性能对比

5.5.1　cpp 对比

由于数据之间有关联,SIMD 向量的实现很复杂。有两种方法可以实现。第一种,现有的 SIMD 指令集通常效率低下涉及执行横向操作,也就是说,相同寄存器块之间的操作,而不是 SIMD 寄存器之间的操作。这会失去很多并行性,结果可能会有略微加速比。但 SIMD 指令并不是为此目的而设计的。

第二种是为块转化分配的一组内存存储器,这是非常有效的。因为指令通常被分配在处理器 L_1 或 L_2 缓存中。该解决方案在[57]中已经应用实现。但正如之前所述,高层次综合算法转换不应分配内存。因此本节比较中不会使用相关SIMD 指令。

对于递归 IIR12 标量滤波器的通用处理器的性能评估如表 5.22 所示。

表 5.22　对于递归 IIR12 标量滤波器的通用处理器的性能评估,结果用 cpp 表示

形式	Normal		Factor		Delay	
优化	Reg	Rot	Reg	Rot	Reg	Rot
XP70 TCDM=1	9.00	9.50	11.00	10.99	10.99	9.50
XP70 TCDM=10	75.48	81.97	87.47	94.96	107.92	88.49
ARM Corte-A9	16.78	13.17	17.09	18.20	15.58	17.70
Intel Penryn ULV	8.73	6.93	9.13	6.74	7.35	5.35

ST XP70:在 XP70 处理器中,Factor 形式的速度总是慢于 Normal 形式。使用快速内存 TCDM=1,Rot 版优化会降低性能,这是正常的,因为加载指令与寄存器之间的数据复制速度一样快。相反,对于慢速存储器 TCDM=10,Delay 形式的Rot 版带来增益,该形式变得更快。但 Normal 形式仍然是三者中最快的。在XP70 处理器架构中,指令之间的延迟时间很相近,添加指令会导致代码速度变慢,因为这些指令延迟时间在访问内存速度面前是重要的。

最快版本是指令和操作符最少的版本即 Normal 形式版。相反,对于 Normal形式 TCDM=10 的 Rot 版速度较慢。查看生成的汇编代码,没有找到比其他版本更多的代码溢出情况。

Cortex-A9：Normal 形式的 Rot 版带来 1.27 倍增益，但这对其他两种形式恰恰相反。Delay 形式是三者中最快的，Factor 形式是最慢的。

英特尔公司的 Penryn ULV 处理器：Rot 版为三种形式带来了 1.26、1.35 和 1.37 倍增益。由于其先进的架构（无序执行，旁路存在），虽然具有相同的工作频率和非常接近缓存的延迟时间，Penryn 比 Cortex-A9 需要更少的时钟周期以执行递归滤波器。

整体分析：第一点，非优化版本的执行时间既不与算法复杂度成比例，也不与内存访问次数成比例。尽管此处所设计的滤波器很简单。第二点，具有快速内存存储器是很重要的。使用一个时钟周期内的存储器，所述 XP70 处理器约比 Cortex-A9 处理器（L1 高速缓存的延迟时间为 4 个时钟周期）快两倍。Penryn 处理器具有更高级架构（L1 缓存延迟时间为 3 个时钟周期），在 cpp 方面做得更好。结论同样适用于 GPP 与 ASIC 综合生成结果。软件转换（Rot 版本）和高层次转换（Factor 形式与 Delay 形式）具有重要影响。但最好的配置并不总是由人为的常识决定，有些结果会超出人类认识。所以有必要做基准测试以进一步深入探索未知知识。

5.5.2　时间与能耗对比

正如在第 4 章中所解释的那样，对结果进行公平比较，一方面需要纠正双核处理器的执行时间和 45nm 工艺处理器所消耗的能量。由于它不可能具有并行性（通过 OpenMP）以加速递归滤波器的执行，因此假设双核处理器的使用至少与数据流相关，2 个信号相互独立或 1 张图像的 2 行互不相关。

如表 5.23 所示，整体而言，在通用处理器上没有采用滤波器的 SIMD 向量编码，使 ASIC 在非递归型滤波器具有更高的加速比。因此，XP70 处理器的能耗是 ASIC 的 242 倍，但效率仍然是 Cortex-A9 的 22 倍，而加速比约为 4 倍。对于 Cortex-A9 处理器而言，与 Penryn 处理器的能耗相比，它保持 3 倍的比率。

表 5.23　ASIC、XP70、Cortex-A9、Intel SU9300 与 Penryn ULV

	cpp	时间(ns/点)	能耗(pJ/点)	时间比值	能耗比值
ASIC(BE)	1	1.6	2	1	1
ASIC(自动)	5	8	12	5	6
XP70＋Vecx	9	20	500	12	242
Cortex A9＋Neon	13	5.5	11 458	6.6	5 535
Penryn ULV＋SSE	5	2	38 788	3	18 738

5.6 本章小结

本章中在递归型滤波器中应用软件优化、硬件优化以及高层次转换技术。需要强调的是 Catapult C 软件具有执行优化两个递归滤波器级联的能力。最后评估 ASIC 的性能并与通用处理器进行了比较。

结果清楚地表明,递归型滤波器的优化实现仍然很复杂,在找到最佳配置之前,需要评估多种配置版本。基准的测试不是选择性的,而是必须做的。但与非递归型滤波器的情况不同,能量消耗最低的配置版本意味着面积增加,递归型滤波器优化和转换的实现,赢得了两方面,面积减少 1.4 倍,能耗减少 4.5 倍。

得益于上述优化,具有优化功能的小型处理器,如 XP70 处理器,相比 Cortex-A9 嵌入式处理器和 Penryn ULV 处理器,在能耗方面很有效,分别减少了 22 倍与 78 倍,而执行时间只慢 10 倍。

第 6 章　运动检测边缘算子算法

本章以视频监控设备作为应用背景,针对全自动视频监控装置能耗高的问题,在硬件 SoC 设计层面,通过利用 Catapult C 高层次综合工具优化视频算法 Sigma-Delta($\Sigma\Delta$)的方法以改善电路能耗。即在视频图像中提取有效背景与基准背景进行差分运算,找出运动目标区域并二值处理,使用形态学开运算先腐蚀后膨胀操作以消除区域噪声。

高层次综合平台上设计超大规模硬件电路的研究作为一个挑战性的前沿课题,涉及计算机科学、集成电路、图像信息、通信工程等多学科领域。在此领域开展研究工作的意义在于[108]:运用行为级抽象描述语言,通过高层次综合工具自动物理实现 RTL 级硬件描述语言[109]。该设计方法在确保电路性能的前提下,可有效减少设计的中间环节,缩短研发时间,在算法层面预先优化电路以使整个设计更加灵活。文献 [110,111]描述了高层次综合工具 Compaan,MMAlpha 的编译器具有展开循环和流水线[112,113]的软件优化功能。文献[114,115]描述了在输入语言为 C 语言的高层次综合工具 Gaut 中,通过加入约束条件,工具自动生成硬件描述语言 VHDL,其优势在于可重用代码、快速得到结果、迅速评估电路。本书以 Catapult C[116-118]高层次综合工具平台为核心,以优化视频监控中常见的 $\Sigma\Delta$ 算法。整个电路硬件设计先建立定点型算法模型、确立构架和约束资源条件、安排电路时序,其次生成 RTL 级代码,最后在门级电路层面评估电路的面积和能耗。在 Catapult C 工具中,可以通过手工调整间距启动 ii 值的参数方式直接影响电路面积大小和速度快慢。通常 ii 值越小,表示没有重用电子元件,即电路面积大,速度快。反之亦然。

6.1　$\Sigma\Delta$ 算法与形态学后处理滤波算法

开发全自动视频监控系统的关键在于快速建立可靠、鲁棒的运动检测算法。该算法不仅可区分出图像序列的每一帧的背景像素(即对应像素归属静态场景,用"0"表示)和相应的前景像素(即运动物体用"1"表示),而且能准确地从背景中区分移动区域对象的大小。系统如果涉及大量的数据处理,则需要花费大量计算资源。为此,A. Manzanera 与 L. Lacassagne 等人[119-121]提出一种基于背景差分技术的$\Sigma\Delta$调制器的估算方法。其基本原理是通过使用$\Sigma\Delta$调制来估算背景参数以检测目标图像。在$\Sigma\Delta$调制背景差分法中,I_t为当前图像,M_t为背景图像,O_t指M_t与I_t绝对值之差,V_t为$\Sigma\Delta$的协方差,N是协方差的放大倍数,其选取范围为$1\sim4$。通过计算,可得到二值输出图像E_t的值,输出 0 和 1 分别为前景和背景。基于背景差分的运动目标检测的具体步骤如下:

1)比较第 t 帧图像与背景图像:

$$M_t(x) = \begin{cases} M_{t-1}(x) + 1, \text{if} \quad I_t(x) > M_t(x) \\ M_{t-1}(x) - 1, \text{if} \quad I_t(x) \leqslant M_t(x) \end{cases} \tag{6.1}$$

2)在第 t 帧图像与背景图像之间,计算差分图像 O_t:

$$O_t(x) = |M_t(x) - I_t(x)| \tag{6.2}$$

3)比较第 t 帧图像的协方差值与放大 N 倍的差分图像:

$$V_t(x) = \begin{cases} V_{t-1}(x) + 1, \text{if} \quad V_t(x) < N \times O_t(x) \\ V_{t-1}(x) - 1, \text{if} \quad V_t(x) \geqslant N \times O_t(x) \end{cases} \tag{6.3}$$

4)将运动目标转换成二值图像 E_t:

$$E_t(x) = \begin{cases} 1, \text{if} \quad O_t(x) > V_t(x) \\ 0, \text{if} \quad O_t(x) \leqslant V_t(x) \end{cases} \tag{6.4}$$

5)在序列图像中,运动目标对应一定尺度的连通区域,故对二值图像进行腐蚀、膨胀操作以消除该区域的噪声,从而得到更加准确的处理结果 **ES**。

$$\boldsymbol{ES}_{3\times3} = \begin{bmatrix} 1 & 1 & 1 \\ 1 & 1 & 1 \\ 1 & 1 & 1 \end{bmatrix} = \begin{bmatrix} 1 \\ 1 \\ 1 \end{bmatrix} \times \begin{bmatrix} 1 & 1 & 1 \end{bmatrix} \tag{6.5}$$

该检测方法的优势在于操作简单、检测迅速,能够满足视频实时处理的需求,更为重要的是该计算只使用了比较、加法和绝对值差等算术运算,相比高斯估计检测方法[122],可节约大量计算资源。

6.2 形态学后处理滤波算法的软件优化方法

形态学操作主要分为二进制和灰度 2 类。灰度操作需要计算最大值与最小值,对于一般编译器而言,产生的条件语句会存在中断流水线执行的潜在风险,故本书采用式(6.5)的 $ES_{3\times3}$ 二进制结构,该结构由膨胀、腐蚀、开操作基本运算组成,具体运算由"与"和"或"2 个逻辑运算组成。其结构如图 6.1 所示。

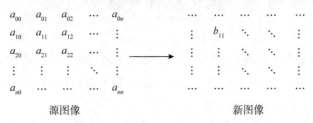

源图像　　　　　　　　　　　　　新图像

图 6.1　形态学后处理滤波结构图

该算法需要读取源图像中 9 个相邻像素点 a_{00}、a_{01}、a_{02}、a_{10}、a_{11}、a_{12}、a_{20}、a_{21}、a_{22} 的值以计算新图像像素点 b_{11} 的值,源图像与新图像分别保存在不同的内存中,所以如何合理重复使用源图像相邻像素点以计算新像素点是优化算法的关键。为此,本书提出寄存器(Reg)算法、循环使用寄存器(Rot)算法与减少移位操作(Red)算法。算法由 $n\times n$ 的矩阵构成,在计算机上实现该算法需要两个嵌套的循环。

Reg 算法步骤如下:

(1)在内循环体内依次读取源图像 9 个相邻像素点的值;

(2)计算新图像像素点的值;

(3)把计算的值保存到新内存。

Rot 算法步骤如下:

(1)在外循环体内,从源图像中分别读取 2 组各 3 个相邻像素点的值。

(2)在内循环体内读取剩余 3 个相邻像素点的值;

(3)计算新图像像素点的值;

(4)把计算的值保存到新内存;

(5)在内循环体内,位移寄存器只需保存 6 个像素点的值用于下次计算。

Red 算法步骤如下:

(1)在外循环体内从源图像中分别读取 2 组各 3 个相邻像素点的值;

(2)分别计算出 2 组各 3 个相邻像素点的值

(3)在内循环体内读取剩余相邻像素点的值;

(4)计算新图像像素点的值;

(5)把计算的值保存到新内存;

(6)在内循环体内,位移寄存器只需保存 2 个值用于下次计算。

相比 Reg 算法,Rot 算法通过移位的方式减少数据的重复读取;而 Red 算法的优势在于从 6 次移位运算减少到 2 次。

6.3　优化硬件资源的方法

优化硬件资源的方法是指增加读取内存数据通路的能力以达到降低能耗的目的。

优化硬件资源方法由 3 种形式构成。第 1 种为双门内存(DP),该内存的数据读写通路比单门内存(SP)大一倍。

第 2 种为多个交错单门内存(interleaving memories),如图 6.2 所示,如果源图像的行数是 3 的整数倍,以 3 个交错单门内存为例,把源图像像素点交错组合并重新分配到 3 个交错单门内存中,每个交错单门内存尺寸是原图像大小的三分之一,然后 3 个移位寄存器分别从 3 个交错单门内存依次读取 3 组各 3 个像素点,最后只需要计算移位寄存器中像素点的值。每完成一次计算后,寄存器里的值做一次移位操作并从各个交错单门内存中读取下一个像素点的值。如果源图像行数不是 3 的整数倍,可以通过创建状态机以控制移位寄存器从各个交错单门内存读取数据的先后次序,缺点是该状态机会导致在硬件设计中电路面积和功耗方面额外的开销。

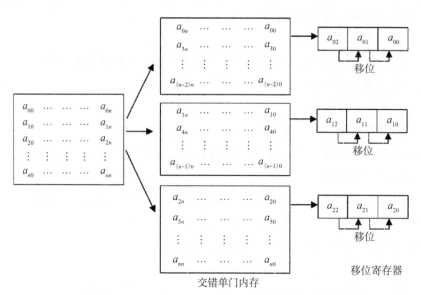

图 6.2　3 个交错单门内存＋移位寄存器的结构

第 3 种是多缓存结构,该算法需要同时做缓存自身的移位操作和移位寄存器的移位操作。如图 6.3 所示,缓存的长度与源图像行的长度一致,当源图像的像素点依次写入 3 个缓存和移位寄存器、分别读取像素点 a_{00}、a_{01}、a_{02}、a_{10}、a_{11}、a_{12}、a_{20}、a_{21}、a_{22} 后,计算新像素点的值。每完成一次计算,移位寄存器做一次移位操作并从对应的缓存中读取下一个像素点的值,同时缓存自身也需要做一次移位操作,即第一行缓存中 a_{20} 移位到第二行缓存中,第二行缓存 a_{10} 移位到第三行缓存中,源图像补充 1 个像素点到第一行缓存中。不足之处在于像素点依次写入缓存需要一定的初始化时间。

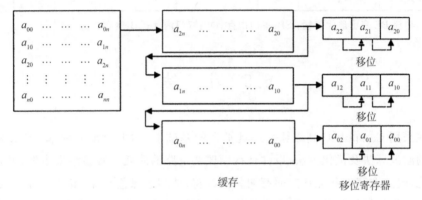

图 6.3　缓冲(CB)+寄存器移位的结构

6.4　实验结果分析

为了测试本书提出的优化方法,实验在 Intel 多核 CPU 3.2GHz、Solaris Sun 平台上,使用 ST 公司的 CMOS 65nm 工艺库和 Synopsys 公司 Design Compile 工具进行仿真实验。得到电路面积、静态功耗、动态功耗、执行时间、吞吐量等数据结果。通过计算总时间与总功耗的乘积再除以总像素点,得到单位像素点的能耗,用 cpp 表示。

从表 6.1 中可以看出,相比 Reg、Rot 算法,Red 算法在能耗方面有明显的改善。一方面 Red 算法减少了移位操作,即减少了寄存器的面积和功耗;另一方面该算法的间距启动值最小,缩短了间距启动时间。3 个 SP Red 算法可以使能耗节省 9.15 倍,速度提高 9 倍,但该算法不足在于先要拆分原图像大小,然后重新把数据分配到 3 个新的交错内存中,造成设计者额外的编写代码的时间开销。CB+Red 算法可以降低 2.93 倍的能耗,只需要加入多个缓存,而且保留原图像的尺寸;在实际工作中,设计者可以选择使用合适的算法进行电路设计。

表 6.1 ΣΔ 和形态学后处理滤波算法的能耗

算法	SP +Reg	DP +Reg	SP +Rot	DP +Rot	SP +Red	DP +Red	3个 SP +Rot	3个 SP +Red	CB +Rot	CB +Red
能耗 BE(pJ/点)	14.10	8.80	5.40	4.00	3.40	2.90	1.54	1.17	5.44	4.81
比值(倍)	×1.00	×1.60	×2.61	×3.53	×4.14	×4.86	×9.15	×12.0	×2.59	×2.93
间距启动 ii 值	9	5	3	2	3	2	1	1	1	1

注:功耗 BE 表示最优能耗;SP:单门内存;DP:双门内存;CB:缓存。

6.5 小 结

在采用 Catapult C 高级综合工具平台的基础上,本书提出一种基于 ΣΔ 和形态学的滤波算法及优化方法,以评估视频监测电路的能耗。实验结果表明,通过算法优化,电路在速度和能耗方面有明显的改善,达到了绿色环保、节能减排的效果。下一步工作将对该算法在 DSP C66x、ARM Neon 上的能耗与面积进行进一步研究,以评估不同工具对运动检测方法的能耗的影响。

下一章将介绍关于面向散焦图像的去模糊与深度估计方面的内容。

第 7 章　基于 Kuhn-Tucker 理论的图像去模糊迭代算法

7.1　引　言

在获取图像的过程中,相机和对象的相对运动,相机机械振动,飞行器转动、翻动及其拍摄对焦不准确等都会造成图像的模糊[125]。在上述几种产生模糊的因素中,对焦不准确所造成的模糊经常发生。在这种情况下,假定观测模糊图像 $I(x, y)$ 是由某个清晰图像 $r(x, y)$ 与相机的点扩散函数 $h(x, y)$ 卷积而成,其图像模糊模型表示为

$$I(x,y) = h(x,y) * r(x,y) = \int r(\tilde{x}, \tilde{y}) h(x, y; \tilde{x}, \tilde{y}) \mathrm{d}\tilde{x} \mathrm{d}\tilde{y} = Hr \quad (7.1)$$

其中,每点的点扩散函数(模糊算子)是已知的,且一致。

本章的主要目的就是从模糊图像估计清晰图像,这是图像去模糊中的基本问题之一。由于式(7.1)是第一类卷积型方程,因此该问题具有内在的不适定性,又因卷积算子具有线性特性,从模糊图像估计清晰图像的过程,即已知 $h(x, y)$ 条件下,由 $I(x, y)$ 来确定 $r(x, y)$ 过程,这个过程称为解卷积过程,属于线性反问题。

针对线性反问题中所出现的不适定性(即病态),一般采用带有约束的最小二乘准则来克服解卷积的病态问题,带约束的最小二乘准则描述为[78]

$$\left. \begin{array}{ll} \min\limits_{r} & J(r) = \dfrac{1}{2} \| I - Hr \|_2^2 \\ \mathrm{s.t.} & r \in \Omega \end{array} \right\} \quad (7.2)$$

其中:$I(x, y)$ 是观测模糊图像;H 是模糊算子;r 是清晰图像。一般认为,Ω 是凸的闭集,又是紧致集,并且 H 是单射的,存在唯一的解与观测值一一对应。

由于假定的图像和点扩散函数都是非负实值函数,可建立带有非负约束最小二乘准则解决图像去模糊问题,本书重点讨论解决带有非负约束最小二乘准则的图像去模糊的算法。带有非负约束最小二乘准则模型可以表示如下:

$$\left.\begin{array}{ll} \min\limits_{r} & J(r) = \dfrac{1}{2}\|I - Hr\|_2^2 \\[2mm] \text{s. t.} & r \geqslant 0 \end{array}\right\} \qquad (7.3)$$

如果算子 H 的零空间仅含有零元素,即 $N(H) = \{0\}$,那么上述优化问题一定存在解且唯一。

针对带有约束的最小二乘准则优化问题(特别是带有非负约束的最小二乘准则的优化问题),已经设计了大量求解算法。一类是将该优化问题转化为非线性规划问题,采用非线性规划算法加以求解[127-128];另一类是采用梯度投影法来解决非负约束最小二乘准则的图像去模糊问题[126,129-132]。

由于优化问题(7.3)中所涉及的每个变量都是向量(即函数),因此,此优化问题是在向量空间下的优化问题,可以采用向量空间下的优化方法。另外,由于约束条件是不等式约束,因此可以采用 Kuhn-Tucker 理论设计迭代过程解决该优化问题[133]。类似相关迭代算法已经广泛应用于太空图像校正[86]、图像去模糊[135-137]、矩阵分解等领域。

本书主要探索基于 Kuhn-Tucker 条件的迭代算法,解决带有非负约束的最小二乘准则的图像去模糊问题。

7.2　两种图像去模糊迭代算法

7.2.1　带有非负修正的最速下降法

7.2.1.1　算法的基本思路

Krishnaprasad 和 Barakat 针对传统最速下降法,提出新的松弛参数选取方法,并在每步迭代时对序列进行修正以保证满足非负约束的条件,从而形成带有非负修正的最速下降法(Steepest Descent Method with Nonnegative Correction,SDM-wNC),来解决带有非负约束的最小二乘准则的线性反问题[80]。

为了更好表示式(7.3)的目标函数,将目标函数写成下列二次型形式:

$$J(r) = \dfrac{1}{2}r^{\mathrm{T}}H^{\mathrm{T}}Hr - I^{\mathrm{T}}Hr + \dfrac{1}{2}I^{\mathrm{T}}I \qquad (7.4)$$

其梯度表示为

$$\psi = \nabla(J(r)) = H^{\mathrm{T}}Hr - H^{\mathrm{T}}I \qquad (7.5)$$

其中:$\psi = [\psi^1, \psi^2, \cdots, \psi^N]^{\mathrm{T}}$,$r = [r^1, r^2, \cdots, r^N]^{\mathrm{T}}$ 均是 N 维列向量。

在最速下降法中,迭代步骤一般表示为

$$r_{k+1} = r_k + \alpha_k d_k \tag{7.6}$$

其中:$d = [d^1, d^2, \cdots, d^N]^T$ 是 N 维列向量。当 $r_k^i > 0$ 或者 $\psi_k^i < 0$ 时,令 $d_k^i = -\psi_k^i$;当 $r_k^i = 0$ 且 $\psi_k^i \geqslant 0$ 时,令 $d_k^i = 0$。

通过式(7.6)迭代要满足两个条件:一是每次迭代目标函数式(7.4)逐步减小;二是每次迭代的 r_{k+1} 非负。

为了满足条件一,有两点需要指出,$J(r)$ 在 r_k 处取得极小值的必要条件是:

$$\psi_k = 0 \tag{7.7}$$

同时,每次迭代必存在一个常数 $\tilde{\alpha} > 0$,使得满足 $0 < \alpha_k \leqslant \alpha \tilde{\alpha}$ 的所有 α_k,都有

$$J(r_k + \alpha_k d_k) \leqslant J(r_k) \tag{7.8}$$

为了获得最优松弛参数 $\tilde{\alpha} > 0$,需要解如下最小优化问题:

$$\tilde{\alpha} = \min_{\alpha > 0} J(r_k + \alpha d_k) \tag{7.9}$$

针对式(7.9)可以采用较为简单的穷举法解决。

当 $\psi_k^i < 0$ 时,令 $d_k^i = -\psi_k^i$ 和当 $r_k^i = 0$ 且 $\psi_k^i \geqslant 0$ 时,令 $d_k^i = 0$,则能够保证由式(7.6)所得序列 r_k 恒非负,但是当 $r_k^i > 0$ 时,令 $d_k^i = 0$,很容易造成

$$r_k + \tilde{\alpha} d_k < 0 \tag{7.10}$$

为了满足条件二,当 $d_k^i < 0$ 时,每次迭代的松弛参数 α_k 应满足

$$\alpha_k \leqslant \min\left(-\frac{r_k^i}{d_k^i}\right), i = 1, 2, \cdots, N \tag{7.11}$$

综合式(7.10)和(7.11)得,当 $d_k^i < 0$ 时,每次迭代的松弛参数 α_k 应取

$$\alpha_k = \min\left(\tilde{\alpha}, -\frac{r_k^i}{d_k^i}\right), i = 1, 2, \cdots, N \tag{7.12}$$

通过上述两个处理,使得每次迭代目标函数式(7.4)逐步减小,同时每次迭代的 r_{k+1} 非负。

7.2.1.2　算法的基本步骤

带有非负修正的最速下降法的基本步骤为:

Step1:给定初始值 r_0,终止控制常数 $\varepsilon > 0$,令 $k = 0$。

Step2:计算 $\psi_k = \nabla(J(r_k))$,若 $\|\psi_k\| \leqslant \varepsilon$,停止迭代,输出 r_k;否则进行 Step3。

Step3:For $i = 1, 2, \cdots, N$,若 $r_k^i > 0$ 或 $\psi_k^i < 0$,则 $d_k^i = -\psi_k^i$;若 $r_k^i = 0$ 且 $\psi_k^i \geqslant 0$,则 $d_k^i = 0$。

Step4:利用穷举法求解 $\tilde{\alpha} = \min\limits_{\alpha > 0} J(r_k + \alpha d_k)$,令 $\alpha_k = \min\left(\tilde{\alpha}, -\frac{r_k^i}{d_k^i}\right), i = 1, 2, \cdots, N$。

Step5:取 $r_{k+1} = r_k + \alpha_k d_k$,$k = k+1$,转 Step2。

7.2.2 基于凸集投影方法的共轭梯度法

7.2.2.1 算法的基本思路

共轭梯度法也需利用一阶导数信息,但克服了最速下降法收敛慢的缺点。在共轭梯度法中,每次迭代采用凸集投影法对序列进行非负修正,形成带有非负修正的共轭梯度法,解决带有非负约束的最小二乘准则的线性反问题[138,139]。

共轭梯度法是在 r_{k-1} 处的梯度方向 g_{k-1} 和修正方向 d_{k-1} 所构成的平面内,寻找使得 $J(r)$ 减小最快的方向作为下一步的修正方向 d_k。

第一步仍取负梯度方向:

$$d_0 = -g_0 = -\nabla(J(r_0)) \tag{7.13}$$

迭代过程表示为

$$r_{k+1} = r_k + \alpha_k d_k \tag{7.14}$$

其中,松弛参数 $\alpha_k = \dfrac{\langle g_{k-1}, g_{k-1} \rangle}{\langle H^{\mathrm{T}} H d_k, d_k \rangle}$。

为了获得下一步的修正方向,则本步中的梯度方向表示为

$$g_k = g_{k-1} + \alpha_k H^{\mathrm{T}} H d_k \tag{7.15}$$

下一步的修正方向为

$$d_{k+1} = g_k + \beta_k d_k \tag{7.16}$$

其中,松弛参数 $\beta_k = \dfrac{\langle g_k, g_k \rangle}{\langle g_{k-1}, g_{k-1} \rangle}$。

在凸集投影方法中,在每步迭代时,将 r_k 投影到非负凸集内,则变换为

$$r_k = \begin{cases} r_k^i & i \in [1, 2, \cdots, N], r_k^i \geqslant 0 \\ 0 & i \in [1, 2, \cdots, N], r_k^i = 0 \end{cases} \tag{7.17}$$

7.2.1.2 算法的基本步骤

基于凸集投影方法的共轭梯度法(Conjugate Gradient Method with Projections Onto Convex Sets,CGMwPOCS)的基本步骤为:

Step1:给定初值 r_0,令 $g_0 = \nabla(J(r_0))$,$d_0 = -g_0$,$k=0$,终止控制常数 $\varepsilon > 0$;

Step2:计算 $\alpha_k = \dfrac{\langle g_k, g_k \rangle}{\langle d_k, H^{\mathrm{T}} H d_k \rangle}$;

Step3:取 $r_{k+1} = r_k + \alpha_k d_k$,并投影到非负凸集

$$r_{k+1} = \begin{cases} r_{k+1}^i & i \in [1, 2, \cdots, N], r_{k+1}^i \geqslant 0 \\ 0 & i \in [1, 2, \cdots, N], r_{k+1}^i = 0 \end{cases}$$

Step4:计算 $g_{k+1} = g_k + \alpha_k H^{\mathrm{T}} H d_k$,若 $\| g_{k+1} \| < \varepsilon$,停止迭代,输出 r_k;

Step5：计算 $\beta_k = \dfrac{\langle \boldsymbol{g}_{k+1}, \boldsymbol{g}_{k+1} \rangle}{\langle \boldsymbol{g}_k, \boldsymbol{g}_k \rangle}$;

Step6：取 $\boldsymbol{d}_{k+1} = -\boldsymbol{g}_{k+1} + \beta_k \boldsymbol{d}_k, k = k+1$，转 Step2。

7.3　基于 Kuhn-Tucker 理论的迭代算法

由于 SDMwNC 和 CGMwPOCS 在每次迭代过程中都要进行非负修正，极易造成累积误差。本章以 Kuhn-Tucker 理论为出发点，设计迭代算法解决非负约束的图像去模糊问题，保证每次迭代的函数序列的非负性。

7.3.1　Kuhn-Tucker 理论知识

拉格朗日乘数法主要解决带有等式约束的优化问题，其标准型表示如下：

$$\left.\begin{array}{l} \min\limits_{\boldsymbol{x} \in \boldsymbol{X}} f(\boldsymbol{x}) \\ \text{s.t. } G(\boldsymbol{x}) = \boldsymbol{0} \end{array}\right\} \tag{7.18}$$

其中：f 是定义在向量空间 $\boldsymbol{X}$ 上的函数，G 是从向量空间 $\boldsymbol{X}$ 到在正定锥中的范数空间的一个映射。

Kuhn-Tucker 理论是拉格朗日乘数法的一个推广形式，可以解决带有不等式约束的优化问题，其标准形式表示为

$$\left.\begin{array}{l} \min\limits_{\boldsymbol{x} \in \boldsymbol{X}} f(\boldsymbol{x}) \\ \text{s.t. } G(\boldsymbol{x}) \leqslant \boldsymbol{0} \end{array}\right\} \tag{7.19}$$

Kuhn-Tucker 理论主要给出式（7.19）问题的一个必要条件[133]。Kuhn-Tucker 定理表述如下：

定理 7.1　设 $\boldsymbol{X}$ 是一个向量空间，Z 是一个在正定锥中的范数空间，且正定锥包含非空内点。f 是定义在向量空间 $\boldsymbol{X}$ 的 Gateaux 可微函数，G 是从向量空间 $\boldsymbol{X}$ 到正定锥中范数空间 Z 的一个 Gateaux 可微映射。假设 x_0 是式（7.19）的极值点，且 $\boldsymbol{x}_0$ 是满足不等式约束 $G(\boldsymbol{x}) \leqslant \boldsymbol{0}$ 的一个正则点，即满足 $G(\boldsymbol{x}_0) + \delta G(\boldsymbol{x}_0) \leqslant \boldsymbol{0}$，则存在 $z_0 \in Z(z_0 \geqslant \boldsymbol{0})$，使得 $\boldsymbol{x}_0$ 是拉格朗日函数 $f(\boldsymbol{x}) + \langle G(\boldsymbol{x}), z_0 \rangle$ 的一个驻点，且 $\langle G(\boldsymbol{x}), z_0 \rangle = 0$。

因此，解式（7.19）问题主要转化为求 $f(\boldsymbol{x}) + \langle G(\boldsymbol{x}), z_0 \rangle$ 的一个驻点。

本章通过该思路设计基于 Kuhn-Tucker 理论的迭代算法（Iterative Algorithm Based on Kuhn-Tucker Theorem，IAbKT）解决带有非负约束的图像去模糊问题。

7.3.2 算法的提出

为了使 Kuhn-Tucker 定理能够解决优化问题(7.3),将其转化为标准形式:

$$\min_r J(\boldsymbol{r}) = \frac{1}{2} \| \boldsymbol{I}(x_i, y_j) - b(x_i, y_j; \boldsymbol{r}) \|_2^2$$

$$= \frac{1}{2} \sum_{i,j} [\boldsymbol{I}(x_i, y_j) - b(x_i, y_j; \boldsymbol{r})]^2 \qquad (7.20)$$

$$\text{s. t. } -r(x, y) \leqslant 0, \forall (x, y) \in \Omega$$

其中: $b(x_i, y_j; \boldsymbol{r}) = \int_\Omega h(x_i, y_j; x, y) r(x, y) \mathrm{d}x \mathrm{d}y$。

根据优化问题(7.20),可以给出如下的拉格朗日函数:

$$L(\boldsymbol{r}, \boldsymbol{\lambda}) = \frac{1}{2} \sum_{i,j} [\boldsymbol{I}(x_i, y_j) - b(x_i, y_j; \boldsymbol{r})]^2 - \boldsymbol{\lambda} r(x, y) \qquad (7.21)$$

其中: $\boldsymbol{\lambda}$ 是拉格朗日乘数向量,且 $\boldsymbol{\lambda} \geqslant \boldsymbol{0}$。

式(7.21)关于 $\boldsymbol{r}$ 的导数为

$$\delta L = -\sum_{i,j} \boldsymbol{I}(x_i, y_j) h(x_i, y_j; x, y) + \sum_{i,j} b(x_i, y_j; \boldsymbol{r}) h(x_i, y_j; x, y) - \boldsymbol{\lambda}$$

$$(7.22)$$

由 Kuhn-Tucker 条件知,存在 $\boldsymbol{\lambda} \geqslant \boldsymbol{0}$,使得优化问题(7.20)的最优解 $r_0(x, y)$ 是式(7.21)的驻点,即

$$-\sum_{i,j} \boldsymbol{I}(x_i, y_j) h(x_i, y_j; x, y) + \sum_{i,j} b(x_i, y_j; r_0) h(x_i, y_j; x, y) - \boldsymbol{\lambda} = 0$$

$$(7.23)$$

$$\boldsymbol{\lambda}^{\mathrm{T}} \boldsymbol{r}_0 = 0 \qquad (7.24)$$

为了求解 $r_0(x, y)$,由式(7.23)和(7.24)知,若 $r_0(x, y) > 0$,有 $\boldsymbol{\lambda} = \boldsymbol{0}$,则可得到第一个必要条件:

$$\sum_{i,j} b(x_i, y_j; r_0) h(x_i, y_j; x, y) = \sum_{i,j} \boldsymbol{I}(x_i, y_j) h(x_i, y_j; x, y) \qquad (7.25)$$

同理,若 $r_0(x, y) = 0$,有 $\boldsymbol{\lambda} > \boldsymbol{0}$,则可得第二个必要条件:

$$\sum_{i,j} b(x_i, y_j; r_0) h(x_i, y_j; x, y) \geqslant \sum_{i,j} \boldsymbol{I}(x_i, y_j) h(x_i, y_j; x, y) \qquad (7.26)$$

由式(7.25)和(7.26)很难直接求出 $r_0(x, y)$,为此寻求一个迭代序列 $r_k(x, y)$ 来收敛到固定点 $r_0(x, y)$。因此,定义 $r(x, y)$ 的函数 $F(x, y; r)$:

$$F(x, y; \boldsymbol{r}) = \frac{1}{\displaystyle\sum_{i,j} b(x_i, y_j; \boldsymbol{r}) h(x_i, y_j; x, y)} \sum_{i,j} \boldsymbol{I}(x_i, y_j) h(x_i, y_j; x, y)$$

$$(7.27)$$

由式(7.27)产生一个递归函数序列：

$$r_{k+1}(x,y) = r_k(x,y)F(x,y;r_k) \tag{7.28}$$

其中：$\{r_k(x,y),(x,y)\in\Omega\}$，$k=0,1,\cdots$，初始值为$\{r_0(x,y),(x,y)\in\Omega\}$。

7.3.3　算法的收敛性分析

在理论上证明产生的迭代序列可以单调收敛到极小值点。该收敛性定理阐述如下：

定理 7.2　设迭代序列$\{r_k(x,y),(x,y)\in\Omega\}$，$k=0,1,\cdots$是由式(7.28)产生的，其初始值$r_0$为定义在$\Omega$上的非负实值函数，则$\forall k>0$都有$J(r_{k+1})\leqslant J(r_k)$，当且仅当$r_{k+1}=r_k$时等式成立。

证明：由式(7.20)可知，

$$J(r_{k+1})-J(r_k)$$

$$=\frac{1}{2}\sum_{i,j}[I(x_i,y_j)-b(x_i,y_j;r_{k+1})]^2 - \frac{1}{2}\sum_{i,j}[I(x_i,y_j)-b(x_i,y_j;r_k)]^2$$

$$=\frac{1}{2}\sum_{i,j}[b(x_i,y_j;r_k)-b(x_i,y_j;r_{k+1})][2I(x_i,y_j)-b(x_i,y_j;r_{k+1})-b(x_i,y_j;r_k)]$$

$$\tag{7.29}$$

在此，令

$$\varphi_1(x_i,y_j) = b(x_i,y_j;r_k)-b(x_i,y_j;r_{k+1}) \tag{7.30}$$

和

$$\varphi_2(x_i,y_j) = 2I(x_i,y_j)-b(x_i,y_j;r_{k+1})-b(x_i,y_j;r_k) \tag{7.31}$$

由式(7.27)和式(7.28)知，

$$\varphi_1(x_i,y_j) = \int \frac{h(x_i,y_j;x,y)r_k(x,y)\sum_{i,j}[b(x_i,y_j;r_k)-I(x_i,y_j)]h(x_i,y_j;x,y)}{\sum_{i,j}b(x_i,y_j;r_k)h(x_i,y_j;x,y)}\mathrm{d}x\mathrm{d}y$$

$$\tag{7.32}$$

和

$$\varphi_2(x_i,y_j) = I(x_i,y_j)-b(x_i,y_j;r_{k+1})+I(x_i,y_j)-b(x_i,y_j;r_k) \tag{7.33}$$

由式(7.32)和式(7.33)知，由于$h(x_i,y_j;x,y)$和$I(x_i,y_j)$的非负性，所以，对于任意一点(x_i,y_j)，若$b(x_i,y_j;r_k)-I(x_i,y_j)>0$，则 $\varphi_1(x_i,y_j)>0$，$\varphi_2(x_i,y_j)<0$；若$b(x_i,y_j;r_k)-I(x_i,y_j)\leqslant0$，则 $\varphi_1(x_i,y_j)\leqslant0$，$\varphi_2(x_i,y_j)\geqslant0$，综上可知$J(r_{k+1})-J(r_k)\leqslant0$。

当且仅当$r_k=r_{k+1}$，即$F(r_k)\equiv1$时，等号成立。

定理 7.3　设迭代序列$\{r_k(x,y),(x,y)\in\Omega\}$，$k=0,1,\cdots$是由式(7.28)产生，

其初始值 r_0 为定义在 Ω 上的非负实值函数,令 $\{J_k:J_k=J(r_k),k=0,1,2,\cdots\}$,则 J_k 收敛于某一点 J^*,即

$$\lim_{k\to\infty}J_k = J^*$$

证明:由式(7.20)知,$\{J_k:J_k=J(r_k),k=0,1,2,\cdots\}$ 单调递减,由定理 7.2 知,该序列下限为 0,由单调有界数列必有极限定理可知,该序列收敛,命题得证。

7.3.4　算法的基本步骤

基于 Kuhn-Tucker 理论的迭代算法的基本步骤如下。

Step1:给定初始值 r_0,$k=0$,终止控制常数 $\varepsilon>0$;

Step2:计算

$$F(x,y;r_k) = \frac{1}{\sum_{i,j}b(x_i,y_j;r_k)h(x_i,y_j;x,y)}\sum_{i,j}I(x_i,y_j)h(x_i,y_j;x,y);$$

Step3:计算 $r_{k+1}(x,y)=r_k(x,y)F(x,y;r_k)$;

Step4:若 $\|r_{k+1}-r_k\|<\varepsilon$,则输出 r_k,否则,$k=k+1$,转到 Step2。

7.4　实验结果与分析

本节实验分为标准测试图像去模糊和真实医学影像去模糊。

在标准测试图像去模糊实验中,采用 Lena、Cameraman 和 Rice 三幅测试图像,其尺寸均为 256×256,只做高斯模糊退化。三幅图像均采用标准差为 2、尺寸为 13×13 的高斯核模糊。分别采用 SDMwNC、CGMwPOCS 和 IAbKT 对三幅图像进行图像去模糊,采用评价指标进行性能测试与分析。

本节采用峰值信噪比(Peak Signal to Noise Ratio,PSNR),以客观地评价图像去模糊结果,PSNR 表示为[92]

$$PSNR = -10\lg\frac{\sum_{x=1}^{M}\sum_{y=1}^{N}[\hat{f}(x,y)-f(x,y)]^2}{MNL^2} \tag{7.34}$$

其中,L 为数字图像的灰度级数,一般取 $L=255$;$\hat{f}$、f 分别表示去模糊后的图像和原始图像的灰度值。PSNR 的值越大,说明去模糊效果越好;反之,去模糊效果越差。

采用 SDMwNC、CGMwPOCS 和 IAbKT 对 Lena、Cameraman 和 Rice 模糊图像去模糊,分别进行 100、200 和 200 代迭代结果,去模糊结果的 PSNR 值如表 7.1 所示。

表 7.1　三种方法在三幅图像上去模糊结果的 PSNR 比较(单位:db)

	SDMwNC	CGMwPOCS	IAbKT
Lena	27.906 3	27.912 7	30.899 7
Cameraman	24.649 5	24.610 7	26.861 5
Rice	26.714 1	26.746 8	29.991 2

从表 7.1 可以看出用 IAbKT 对 Lena、Cameraman 和 Rice 模糊图像进行图像去模糊,其 PSNR 值均大于 SDMwNC 和 CGMwPOCS;而用 SDMwNC 和 CGMw-POCS 方法进行图像去模糊,其 PSNR 值相当。因此,说明 IAbKT 图像去模糊效果优于 SDMwNC 和 CGMwPOCS 方法。

在图 7.1 中所示的实验中,图 7.1(a)是尺寸为 256×256 的灰色 Lena 原图像,采用标准差为 2、尺寸为 13×13 的高斯核对 Lena 原图像进行高斯模糊,得到模糊图像如图 7.1(b)所示;分别采用 SDMwNC、CGMwPOCS 和 IAbKT,迭代次数为 100 次,图像去模糊结果如图 7.1(c)、图 7.1(d)、图 7.1(e)所示。

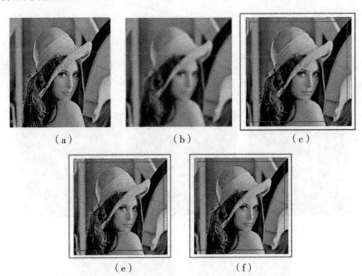

图 7.1　Lena 图像的图像去模糊结果:(a) Lena 原图像, (b) Lena 模糊图像,
(c) SDMwNC 方法,(d) CGMwPOCS 方法,(e) IAbKT 方法

在图 7.2 中所示的实验中,图 7.2(a)是尺寸为 256×256 的灰色 Cameraman 原图像,采用标准差为 2、尺寸为 13×13 的高斯核对 Cameraman 原图像进行高斯模糊,得到模糊图像如图 7.2(b)所示;分别采用 SDMwNC、CGMwPOCS 和 IAbKT,迭代次数为 200 次,图像去模糊结果如图 7.2(c)、图 7.2(d)、图 7.2(e)所示。

图 7.2　Cameraman 图像的图像去模糊结果：(a) Cameraman 原图像，(b) 模糊图像，

(c) SDMwNC 方法，(d)CGMwPOCS 方法，(e) IAbKT 方法

在图 7.3 中所示的实验中，图 7.3(a)是尺寸为 256×256 的灰色 Rice 原图像，采用标准差为 2、尺寸为 13×13 的高斯核对 Rice 原图像进行高斯模糊，得到模糊图像如图 7.3(b)所示；分别采用 SDMwNC、CGMwPOCS 和 IAbKT，迭代次数为 200 次，图像去模糊结果如图 7.3(c)、图 7.3(d)、图 7.3(e)所示。

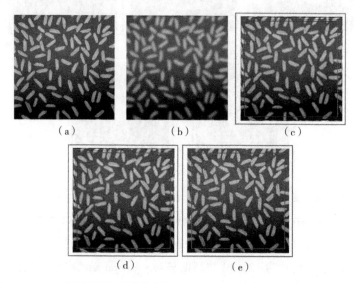

图 7.3　Rice 图像的图像去模糊结果：(a) Rice 原图像，(b) Rice 模糊图像，

(c) SDMwNC 方法，(d) CGMwPOCS 方法，(e) IAbKT 方法

　　通过比较图 7.1、图 7.2、图 7.3 实验结果的视觉效果,可以看出在每幅图(c)、(d)和(e)的红框边界处,(e)的去模糊效果优于(c)和(d)效果。因此,IAbKT 的去模糊后图像视觉效果优于 SDMwNC 和 CGMwPOCS 所去模糊的图像。

　　在真实医学影像去模糊实验中,根据三幅图像的模糊程度,选定高斯模糊核的标准差介于 0.5 与 3 之间。高斯模糊核标准差以 0.1 为步长增加,分别采用 SDM-wNC、CGMwPOCS 和 IAbKT 对三幅真实医学影像去模糊,以最佳视觉效果确定高斯模糊核标准差以此对真实医学影像去模糊。

　　在图 7.4 中所示的实验中,图 7.4(a)是尺寸为 425×582 的真实医学影像 1,选定标准差为 1.6、尺寸为 13×13 的高斯核,分别采用 SDMwNC、CGMwPOCS 和 IAbKT,迭代次数为 200 次,图像去模糊结果如图 7.4(b)、图 7.4(c)、图 7.4(d)所示。

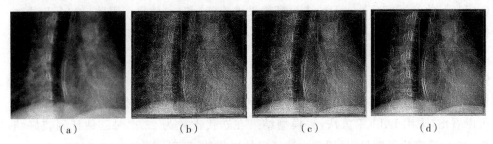

(a)　　　　　　(b)　　　　　　(c)　　　　　　(d)

**图 7.4　医学影像 1 的去模糊结果:(a)医学影像 1,(b)SDMwNC 方法,
(c)CGMwPOCS 方法,(d)IAbKT 方法**

　　在图 7.5 中所示的实验中,图 7.5(a)是尺寸为 428×352 的真实医学影像 2,选定标准差为 1,尺寸为 13×13 的高斯核,分别采用 SDMwNC、CGMwPOCS 和 IAbKT,迭代次数为 200 次,图像去模糊结果如图 7.5(b)、图 7.5(c)、图 7.5(d)所示。

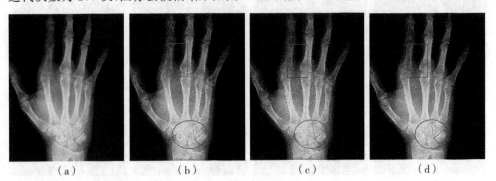

(a)　　　　　　(b)　　　　　　(c)　　　　　　(d)

**图 7.5　医学影像 2 的去模糊结果:(a)医学影像 2,(b)SDMwNC 方法,
(c)CGMwPOCS 方法,(d)IAbKT 方法**

　　在图 7.6 中所示的实验中,图 7.6(a)是尺寸为 475×545 的真实医学影像 3,选定标准差为 0.8、尺寸为 13×13 的高斯核,分别采用 SDMwNC、CGMwPOCS 和

IAbKT,迭代次数为 200 次,图像去模糊结果如图 7.6(b)、图 7.6(c)、图 7.6(d)所示。

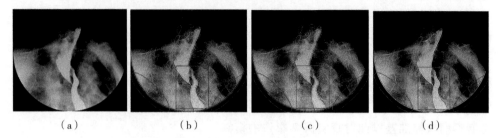

(a)　　　　　　(b)　　　　　　(c)　　　　　　(d)

图 7.6　医学影像 3 的去模糊结果:(a)医学影像 3,(b)SDMwNC 方法,
(c)CGMwPOCS 方法,(d)IAbKT 方法

通过比较图 7.4、图 7.5、图 7.6 实验结果的视觉效果,可以看出在每幅图(b)、(c)和(d)的红框标示处,(d)的去模糊效果优于(b)和(c)效果。因此,IAbKT 的去模糊后图像视觉效果优于 SDMwNC 和 CGMwPOCS 所去模糊的图像。

在图 7.7 中所示的实验中,图 7.7(a)、图 7.7(b)、图 7.7(c)、图 7.7(d)、图 7.7(e)、图 7.7(f)、图 7.7(g)和图 7.7(h)分别表示采用 IAbKT 方法对 Cameraman 模糊图像在迭代次数为 0,5,10,25,50,100,150,200 的图像去模糊结果。从图 7.7 可以看出,采用 IAbKT 方法,去模糊结果在迭代次数为 25 次时已估计到较好结果,25 次后变化不明显,说明该方法可以较快收敛,得到视觉效果较好的图像。

(a)　　　　　　(b)　　　　　　(c)　　　　　　(d)

(e)　　　　　　(f)　　　　　　(g)　　　　　　(h)

图 7.7　IAbKT 方法在不同迭代次数时,Cameraman 图像去模糊结果:(a)0 次,(b)5 次,
(c)10 次,(d)25 次,(e)50 次,(f)100 次,(g)150 次,(h)200 次

7.5　本章小结

　　本章主要研究图像去模糊问题,属于反问题中的解卷积问题。根据图像去模糊问题的所有涉及变量均为非负变量的特点,本章构建带有非负约束的最小二乘优化问题。本书提出基于 Kuhn-Tucker 条件的迭代算法解决带有非负约束的最小二乘优化问题,即图像去模糊问题,该迭代算法能够保证每次迭代的函数序列的非负性,并在理论上证明该序列可以单调收敛到局部最小值。实验结果表明,IAbKT 在去模糊后在图像视觉效果和 PSNR 方面,均好于 SDMwNC 和 CGMw-POCS 所去模糊的图像。

第 8 章　基于 I-divergence 的全变分图像去模糊方法

8.1　引　言

除了在第 2 章所提到的造成图像模糊的原因外，在图像获取和传输过程中图像也可能受到噪声的污染。例如，在图像获取过程中，光照强度过强或过弱、传感器温度过高或过低极易造成污染产生噪声；在图像传输过程中，传输信道受到电磁波或其他波的干扰产生噪声[93]。在天文成像、医学、军事和公安等实际应用领域中，需要清晰高质量的图像[94]。因此，为了去除模糊、抑制噪声、改善图像质量，对模糊且带有噪声的图像去模糊具有重要的应用背景。

本章讨论的带有噪声的模糊图像是在第 2 章模糊图像的基础上带有加性噪声。为区分第 2 章的模糊图像 $I(x,y)$，带有加性噪声的模糊图像用 $\tilde{I}(x,y)$ 表示，其图像模型表示为

$$\tilde{I}(x,y) = h(x,y) * r(x,y) = \int r(\tilde{x},\tilde{y})h(x,y;\tilde{x},\tilde{y})\mathrm{d}\tilde{x}\mathrm{d}\tilde{y} + n(x,y) = Hr + n$$

$$(8.1)$$

本章的主要目的是从带有加性噪声的模糊图像估计清晰图像，与式（7.1）类似，该问题也具有内在的不适定性；与第 7 章不同之处是，这里观测图像相对于模糊图像具有非精确扰动，即已知 $h(x,y)$ 条件下，由 $\tilde{I}(x,y)$ 来确定 $r(x,y)$ 的过程，这个过程称为解半盲卷积过程[91]。

为了解决该反问题，一般求解一个带有正则项的泛函极值问题，模型一般表示为 $J: \mathbf{R}^p \times \mathbf{R}^p \rightarrow \mathbf{R}$[6,7]：

$$\min_{r \in B_{l,u}} J(\tilde{I},r) = \Psi(\tilde{I},r) + \lambda\Phi(r) \qquad (8.2)$$

其中：$\Psi: \mathbf{R}^p \times \mathbf{R}^p \rightarrow \mathbf{R}$ 表示一个保真项；$\Phi: \mathbf{R}^p \rightarrow \mathbf{R}$ 表示一个正则项；λ 是一个拉格朗日乘子，用于调节保真项与先验项的关系；$B_{l,u}$ 表示一个去模糊图像的有界约束集

合 $B_{l,u} = \{r \in \mathbf{R}^p, 0 \leqslant r_i \leqslant 255, \forall i\}$。

　　泛函中包含的先验项的主要作用是使去模糊结果与真实结果相似,而先验项一般起到平滑、去噪作用,用 λ 来平衡保真与平滑、去噪之间的关系。因此,保真项和先验项的选取正确与否,对图像去模糊结果起关键作用[143]。

　　本书主要选取 I-divergence 作为保真项,全变分(total variation,TV)模型作为先验项,形成基于 I-divergence 的全变分图像去模糊模型,以解决带有加性噪声的模糊图像去模糊问题。

8.2　基于 I-divergence 的全变分图像去模糊模型

8.2.1　保真项的选取

　　在各类反问题中,从观测数据估计真实数据,一般是通过最小化某些准则函数(即保真项)(如最小二乘准则、信息熵或 Kullback's I-divergence)而获得。在图像去模糊问题中,大多数方法是最小二乘准则(即 L_2 范数),也存在少量其他准则,如 L_1 范数准则来获得保真项。

　　现在的问题是按照什么标准来评价各类准则(包括最小二乘准则、信息熵准则、I-divergence 准则等)? 本书给出了回答:一个准则函数应具备正则性(包括一致性、可区别性和连续性)和局部性性质。

　　定义 8.1(一致性)　设欲求函数为 r,如果 r 满足带有某些约束的准则函数,并且 r 也满足带有更强约束的另一个准则函数,则所增加的约束不会改变 r,称之为该准则函数具有一致性。

　　定义 8.2(可区别性)　两个不同的 r 使得准则函数有两个不同的值,称之为该准则函数具有可区别性。

　　定义 8.3(连续性)　如果 r 在满足带有约束的准则函数的子空间内是连续的,称之为该准则函数具有连续性。

　　定义 8.4(局部性)　如果根据不同约束将整个空间分割为几个不相交的子空间,且每个约束仅影响一个子集,则根据每个约束,r 由多个分片构成,称之为该准则函数具有局部性。

　　在文献[8]中,Csiszár 分析了大量的准则函数的逻辑一致性,并提出了针对不同的反问题,选择准则函数的方法。Csiszár 总结出如下命题:

定理 8.1 如果所涉及的函数均为实值函数（该实值没有限制，即可正可负），则最小二乘准则是仅有的一致性选择；如果所涉及的函数均为非负实值函数，则 I-divergence 准则是仅有的一致性选择。

在本书中，由于图像去模糊过程看作线性反问题的一种，并且所出现的去模糊图像 $r(x,y)$、点扩散函数 $h(x,y)$ 和观测图像 $\hat{I}(x,y)$ 均为非负函数，因此选择 I-divergence 准则作为保真项，其可以表示为

$$
\left.
\begin{aligned}
&\min_r \Psi(\hat{I}, r) = \int \hat{I}(x,y) \ln \frac{\hat{I}(x,y)}{I(x,y)} - \hat{I}(x,y) + I(x,y) \mathrm{d}x\mathrm{d}y \\
&\mathrm{s.\,t.} \quad r \geqslant 0
\end{aligned}
\right\}
\tag{8.3}
$$

其中：

$$
I(x,y) = h(x,y) * r(x,y) = \int r(\widetilde{x}, \widetilde{y}) h(x, y; \widetilde{x}, \widetilde{y}) \mathrm{d}\widetilde{x}\mathrm{d}\widetilde{y}。
$$

8.2.2 正则项的选取

为了克服图像去模糊过程中存在的病态性，许多学者考虑图像内在特性或成像因素，构造合理的正则项，以此估计清晰图像。常用的正则项包括基于小波的稀疏约束、非局部均值、Tikhonov-Miller 和全变分正则项等。

例如，基于小波的稀疏约束方法，一方面考虑到自然图像中所存在的本征几何结构，即图像方向结构性和空间不均匀性。图像方向结构性是考虑到自然图像通常具有光滑的边缘，也就是图像信号的奇异点具有方向结构；空间不均匀性是考虑到在图像的三构件模型中，将一幅图像分成边缘、纹理和平坦区域三部分，在这三部分存在着不同的结构。另一方面，考虑到自然图像存在着一些固定的统计特性，这些统计特性揭示了自然图像本身固有的属性。但是千变万化的自然图像在空间域具有千差万别的统计特性，值得庆幸的是，经小波变换后，各子带小波系数的统计特性具有极强的规律性和相似性，自然图像小波系数的这种统计规律性是由自然图像小波变换的基本性质所决定的，因此，有可能通过一个统一模型来刻画两类本征几何结构在小波域的统计特性，从而产生基于小波的稀疏约束。

非局部均值正则化方法认为图像的像素点不是孤立存在的，而是与其周围的像素构造邻域系统（9-邻域或 8-邻域），即图像的几何结构。该方法主要考虑利用图像的几何结构内部的统计信息（各阶中心矩或原点矩）代表独立像素点信息，同时考虑图像的结构自相似性，即相同图像构件（边缘、纹理和平坦区域）的图像空间信息差异性较小，不同图像构件的图像空间信息差异性较大。非局部均值正则化方法根据图像内在的结构相似性，可以在消除噪声的同时，保存图像的边缘和纹理信息。

Tikhonov-Miller 正则化方法根据图像中平坦区域占低频区域,而图像中噪声、纹理和边缘占高频区域的特点,该方法考虑图像中大多数区域是平坦区域(即较为光滑),因此,采用微分算子(一阶微分算子如 Robert、Sobel 和 Prewitt;二阶微分算子如 Laplacian,LOG 等)对图像尽可能平滑。Tikhonov-Miller 正则化方法使得去模糊图像达到很好的平滑效果,对去除噪声有效,但同时也平滑了纹理和边缘信息。

若采用 $\Phi(u) = \iint |\nabla u|^2 \mathrm{d}x\mathrm{d}y = \iint \left[\left(\dfrac{\partial u}{\partial x} \right)^2 + \left(\dfrac{\partial u}{\partial y} \right)^2 \right] \mathrm{d}x\mathrm{d}y$ 描述曲线的平滑性,则在图 8.1 中的函数 $u_1(x)$、$u_2(x)$ 和 $u_3(x)$ 有,

$$\Phi(u_1) > \Phi(u_2) > \Phi(u_3) \tag{8.4}$$

由式(8.4)可知, $u_3(x)$ 最平滑, $u_2(x)$ 次之, $u_1(x)$ 最不平滑。通过最小化 $\Phi(u)$,将不平滑区域平滑掉,即图像中的边缘、纹理和细节将被平滑掉[94,96,97]。造成上述不足的原因是 $\Phi(u)$ 具有各向同性扩散的特点。

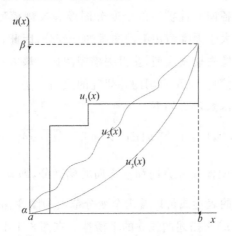

图 8.1　一维函数的全变分示意图

为了说明 $\Phi(u)$ 的各向同性扩散的特点,将其离散化处理。首先将最小化 $\Phi(u)$ 问题转化为梯度下降流:

$$\frac{\partial u}{\partial t} = \Delta u \tag{8.5}$$

该梯度下降流为线性扩散方程。

采用中心差分,则 Laplace 算子的离散化形式为

$$\Delta u_{i,j} \approx u_{i,j+1} + u_{i,j-1} + u_{i+1,j} + u_{i-1,j} - 4u_{i,j} \tag{8.6}$$

此类形式在旋转角 $\theta = M\dfrac{\pi}{2} (M \in \mathbf{Z})$ 的意义上保持旋转不变性。

若考虑将对角线的中心差分与沿 x,y 的中心差分通过加权平均结合起来,则

Laplace 算子的离散化形式为

$$\Delta u_{i,j} \approx \frac{1}{3}(u_{i,j+1} + u_{i,j-1} + u_{i+1,j} + u_{i-1,j} + u_{i+1,j+1}$$

$$+ u_{i+1,j-1} + u_{i-1,j+1} + u_{i-1,j-1} - 8u_{i,j}) \tag{8.7}$$

此类形式满足旋转不变性。

由式(8.6)和式(8.7)可知,采用 $\Phi(u)$ 的形式,对于两种不同离散形式,$u_{i,j}$ 更新时,具有相同的权重,即各向同性扩散。此类扩散方式不符合图像特征,易造成图像的边缘、纹理和细节的模糊。因此,在保持图像的边缘、纹理和细节信息的同时,消除噪声,构造正则项时考虑以下两点:①在图像边缘、纹理和细节区域平滑权重系数小,而在其他区域平滑权重大;②平滑的梯度方向应与边缘、纹理和细节的走势一致,而不应垂直于其走势。

全变分正则化方法主要考虑图像特征的各向异性扩散方式。1992 年,Rudin 等人首次提出了基于各向异性扩散的全变分图像去模糊模型,他们证明了受噪声污染的图像的全变分大于无噪声污染的图像的全变分,因此,通过最小化基于各向异性扩散的全变分图像去模糊模型,获得去模糊图像。该方法在去除噪声的同时,可以保持纹理和边缘信息,是至今国内外研究的热门方法。

图像 u 的全变分函数定义如下:

$$\mathrm{TV}(u) = \int_{\Omega} |\nabla u| \, \mathrm{d}x\mathrm{d}y = \int_{\Omega} \sqrt{u_x^2 + u_y^2} \, \mathrm{d}x\mathrm{d}y \tag{8.8}$$

其中:u_x 和 u_y 分别为图像在 x 方向和 y 方向的偏微分,即 $u_x = \dfrac{\partial u}{\partial x}$,$u_y = \dfrac{\partial u}{\partial y}$;$\Omega$ 为图像的范围。从全变分的表达式可以看出全变分范数为图像梯度幅值的积分。

采用全变分 $\mathrm{TV}(u)$ 来描述曲线 u 的平滑性。在图 8.1 中的三条曲线的全变分 $\mathrm{TV}(u)$ 认为相同,即平滑性一致。通过最小化全变分 $\mathrm{TV}(u)$,曲线可以存在阶跃情形。这样使得图像的边缘、纹理和细节得以保留。

在数学上,同样为了有效说明 $\mathrm{TV}(u)$ 的扩散性能,可以将最小化 $\mathrm{TV}(u)$ 问题转化为梯度下降流:

$$\frac{\partial u}{\partial t} = \mathrm{div}\left(\frac{\nabla u}{|\nabla u|}\right) \tag{8.9}$$

采用半点离散化,则散度算子的离散化形式可以表示为

$$\mathrm{div}\left(\frac{\nabla u}{|\nabla u|}\right)_{i,j} \approx C_{i+1/2,j}(u_{i+1,j} - u_{i,j}) - C_{i-1/2,j}(u_{i,j} - u_{i-1,j})$$

$$+ C_{i,j+1/2}(u_{i,j+1} - u_{i,j}) - C_{i,j-1/2}(u_{i,j} - u_{i,j-1})$$

$$\approx C_{i,j+1/2}^n u_{i,j+1}^n + C_{i,j-1/2}^n u_{i,j-1}^n + C_{i+1/2,j}^n u_{i+1,j}^n + C_{i-1/2,j}^n u_{i-1,j}^n$$

$$- (C_{i,j+1/2}^n + C_{i,j-1/2}^n + C_{i+1/2,j}^n + C_{i-1/2,j}^n)u_{i,j}^n \tag{8.10}$$

其中：

$$\begin{cases} C_{i,j\pm1/2} = \left[(u_{i,j\pm1} - u_{i,j})^2 + \dfrac{(u_{i+1,j\pm1} - u_{i-1,j\pm1})^2 + (u_{i+1,j} - u_{i-1,j})^2}{8} \right]^{-1/2} \\ C_{i\pm1/2,j} = \left[(u_{i\pm1,j} - u_{i,j})^2 + \dfrac{(u_{i\pm1,j+1} - u_{i\pm1,j-1})^2 + (u_{i,j+1} - u_{i,j-1})^2}{8} \right]^{-1/2} \end{cases} \tag{8.11}$$

从式(8.10)和(8.11)可以看出,(i,j) 的 4 邻点对更新 $u_{i,j}$ 的贡献有不同的权重系数 $C_{i\pm1/2,j}$、$C_{i,j\pm1/2}$。例如,如果在第 $i-1$、i 和 $i+1$ 行,从 j 到 $j+1$,图像灰度值有很大的跳变,意味着有一垂直走向的边缘。此时,$C_{i,j+1/2}$ 将非常小,于是 $u_{i,j+1}$ 的值将几乎不参与 $u_{i,j}$ 的更新,从而说明式(8.9)所表达的是非线性扩散,可阻止边缘的弥散化。

从几何图形和数学分析两个角度进行全变分 TV(u)性质的分析以及最小化 TV(u)梯度下降流的数值分析,采用一次范数全变分 TV(u)作为平滑性的度量是图像处理得非常恰当的数学模型。本章选取一次范数全变分 TV(u)作为正则项。

8.2.3　图像去模糊模型

通过上述分析,本书选取 I-divergence 准则作为保真项,选取全变分作为正则项,则基于 I-divergence 准则的全变分图像去模糊的能量泛函为

$$E(r) = \lambda \int_{\Omega} \hat{\boldsymbol{I}}(x) \ln\left[\frac{\hat{\boldsymbol{I}}(x)}{h \times r(x)} \right] - \hat{\boldsymbol{I}}(x) + h \times r(x)\,\mathrm{d}x + \int_{\Omega} \sqrt{r_x^2 + r_y^2}\,\mathrm{d}x \tag{8.12}$$

8.3　变分偏微分方程方法

解决 TV 图像去模糊模型的快速算法很多[98-100],本节将能量泛函极值问题(8.12)转化为对应的 Euler-Lagrange 方程,再采用梯度下降流方法求解 Euler-Lagrange 方程。

8.3.1　Euler-Lagrange 方程

将能量泛函极值问题(8.12)归结为对应的 Euler-Lagrange 方程：

$$\lambda h \cdot \left(\delta - \frac{\hat{\boldsymbol{I}}}{h \cdot r} \right) - \mathrm{div}\left(\frac{\nabla r}{|\nabla r|} \right) = 0 \tag{8.13}$$

其中：δ 是二维 Dirac 函数。

其详细推导过程如下：

根据变分预备定理知[149]，如果泛函极值函数为

$$E(u) = \iint\limits_{\Omega} F(x, y, u, u_x, u_y) \mathrm{d}x\mathrm{d}y$$

则对应的 Euler-Lagrange 方程为

$$\frac{\partial F}{\partial u} - \frac{\partial}{\partial x}\left(\frac{\partial F}{\partial u_x}\right) - \frac{\partial}{\partial y}\left(\frac{\partial F}{\partial u_y}\right) = 0 \qquad (8.14)$$

在式(8.12)中，$F(\boldsymbol{r}) = \lambda\hat{\boldsymbol{I}}(x)\ln\left[\dfrac{\hat{\boldsymbol{I}}(x)}{h \times \boldsymbol{r}(x)}\right] - \hat{\boldsymbol{I}}(x) + h \times \boldsymbol{r}(x)\mathrm{d}x + \sqrt{\boldsymbol{r}_x^2 + \boldsymbol{r}_y^2}$，

则有

$$\frac{\partial F}{\partial \boldsymbol{r}} = \lambda h \times (\delta - \hat{\boldsymbol{I}}/h \times \boldsymbol{r}), \frac{\partial F}{\partial \boldsymbol{r}_x} = \frac{\frac{\partial \boldsymbol{r}}{\partial x}}{|\nabla \boldsymbol{r}|}, \frac{\partial F}{\partial \boldsymbol{r}_y} = \frac{\frac{\partial \boldsymbol{r}}{\partial y}}{|\nabla \boldsymbol{r}|} \qquad (8.15)$$

将式(8.15)代入式(8.14)，得

$$\lambda h \times (\delta - \hat{\boldsymbol{I}}/h \times \boldsymbol{r}) - \frac{\partial}{\partial x}\left(\frac{\frac{\partial \boldsymbol{r}}{\partial x}}{|\nabla \boldsymbol{r}|}\right) - \frac{\partial}{\partial y}\left(\frac{\frac{\partial \boldsymbol{r}}{\partial y}}{|\nabla \boldsymbol{r}|}\right) = 0$$

由内积性质得

$$\lambda h \times (\delta - \hat{\boldsymbol{I}}/h \times \boldsymbol{r}) - \left(\frac{\partial}{\partial x}, \frac{\partial}{\partial y}\right) \cdot \left(\frac{\frac{\partial r}{\partial x}}{|\nabla \boldsymbol{r}|}, \frac{\frac{\partial r}{\partial y}}{|\nabla \boldsymbol{r}|}\right) = 0$$

将 $\dfrac{1}{|\nabla \boldsymbol{r}|}$ 提出，得

$$\lambda h \times (\delta - \hat{\boldsymbol{I}}/h \times \boldsymbol{r}) - \frac{1}{|\nabla \boldsymbol{r}|}\left(\frac{\partial}{\partial x}, \frac{\partial}{\partial y}\right) \cdot \left(\frac{\partial \boldsymbol{r}}{\partial x}, \frac{\partial \boldsymbol{r}}{\partial y}\right) = 0$$

写成散度算子的形式，得

$$\lambda h \times \left(\delta - \frac{\hat{\boldsymbol{I}}}{h \times \boldsymbol{r}}\right) - \mathrm{div}\left(\frac{\nabla \boldsymbol{r}}{|\nabla \boldsymbol{r}|}\right) = 0$$

上式即是所求的 Euler-Lagrange 方程(8.13)。

8.3.2 梯度下降流方法

Euler-Lagrange 方程是非线性偏微分方程，离散化处理较为困难。本书采用梯度下降流方法求解 Euler-Lagrange 方程。

由 Euler-Lagrange 方程式(8.13)知，其梯度下降流为

$$\frac{\partial \boldsymbol{r}}{\partial t} = -\lambda h \times \left(\delta - \frac{\hat{\boldsymbol{I}}}{h * \boldsymbol{r}}\right) + \mathrm{div}\left(\frac{\nabla \boldsymbol{r}}{|\nabla \boldsymbol{r}|}\right) \qquad (8.16)$$

　　一方面,由于图像存在$\nabla r = 0$的点,使得式(8.16)是一个带有病态条件的偏微分方程;另一方面,图像按照式(8.16)演化时,它的变化不仅取决于它的∇r。还取决于它的灰度值r,上述两个缺陷导致其稳态解中有明显的阶梯效应。

　　为了弥补上述不足,Marquina 和 Osher 对式(8.16)提出了改进[102],式(8.16)的右边乘以$|\nabla r|$,便得到

$$\frac{\partial \boldsymbol{r}}{\partial t} = |\nabla \boldsymbol{r}| \operatorname{div}\left(\frac{\nabla \boldsymbol{r}}{|\nabla \boldsymbol{r}|}\right) - \lambda |\nabla \boldsymbol{r}| h \times \left(\delta - \frac{\hat{\boldsymbol{I}}}{h \times \boldsymbol{r}}\right) \tag{8.17}$$

　　从式(8.17)可以看出,方程达到稳定的解在每一梯度模值不为零的点上与式(8.16)的稳态解相等。

8.3.3　数值方法

　　本书采用文献[150]的数值解法。由于$|\nabla \boldsymbol{r}| \operatorname{div}\left(\dfrac{\nabla \boldsymbol{r}}{|\nabla \boldsymbol{r}|}\right)$不产生奇异性,可采用中心差分数值计算该项[151];而采用迎风方案数值计算$\lambda |\nabla \boldsymbol{r}| h \times \left(\delta - \dfrac{\hat{\boldsymbol{I}}}{h \times \boldsymbol{r}}\right)$[104]。

　　采用中心差分对式(8.17)的右端第一项$|\nabla \boldsymbol{r}| \operatorname{div}\left(\dfrac{\nabla \boldsymbol{r}}{|\nabla \boldsymbol{r}|}\right)$做数值计算,该表达式写成偏导数形式:

$$|\nabla \boldsymbol{r}| \operatorname{div}\left(\frac{\nabla \boldsymbol{r}}{|\nabla \boldsymbol{r}|}\right) = \frac{\boldsymbol{r}_{xx}(\boldsymbol{r}_y)^2 - 2\boldsymbol{r}_x \boldsymbol{r}_y \boldsymbol{r}_{xy} + (\boldsymbol{r}_x)^2 \boldsymbol{r}_{yy}}{(\boldsymbol{r}_x)^2 + (\boldsymbol{r}_y)^2} \tag{8.18}$$

对式(8.18)做中心差分数值计算,为避免$|\nabla r|$出现奇异,因此在分母上加上ε(足够小的正数),式(8.18)变为

$$P_{i,j}^n = \frac{D_{xx}^{(0)} \boldsymbol{r}_{i,j} (D_y^{(0)} \boldsymbol{r}_{i,j})^2 - 2D_{xy}^{(0)} \boldsymbol{r}_{i,j} D_x^{(0)} \boldsymbol{r}_{i,j} D_y^{(0)} \boldsymbol{r}_{i,j} + D_{yy}^{(0)} \boldsymbol{r}_{i,j} (D_x^{(0)} \boldsymbol{r}_{i,j})^2}{(D_x^{(0)} \boldsymbol{r}_{i,j})^2 + (D_y^{(0)} \boldsymbol{r}_{i,j})^2 + \varepsilon}$$

$$\tag{8.19}$$

其中:$D_x^{(0)} \boldsymbol{r}_{i,j}$是$\boldsymbol{r}$对$x$方向的一阶偏导数$\boldsymbol{r}_x$的中心差分,记作

$$D_x^{(0)} \boldsymbol{r}_{i,j} = \frac{\boldsymbol{r}_{i+1,j} - \boldsymbol{r}_{i-1,j}}{2}$$

$D_y^{(0)} \boldsymbol{r}_{i,j}$是$\boldsymbol{r}$对$y$方向的一阶偏导数$\boldsymbol{r}_y$的中心差分,记作

$$D_y^{(0)} \boldsymbol{r}_{i,j} = \frac{\boldsymbol{r}_{i,j+1} - \boldsymbol{r}_{i,j-1}}{2}$$

$D_{xx}^{(0)} \boldsymbol{r}_{i,j}$是$\boldsymbol{r}$对$x$方向的二阶偏导数$\boldsymbol{r}_{xx}$的中心差分,记作

$$D_{xx}^{(0)} \boldsymbol{r}_{i,j} = \boldsymbol{r}_{i+1,j} - 2\boldsymbol{r}_{i,j} + \boldsymbol{r}_{i-1,j}$$

$D_{yy}^{(0)} \boldsymbol{r}_{i,j}$是$\boldsymbol{r}$对$y$方向的二阶偏导数$\boldsymbol{r}_{yy}$的中心差分,记作

$$D_{yy}^{(0)} \boldsymbol{r}_{i,j} = \boldsymbol{r}_{i,j+1} - 2\boldsymbol{r}_{i,j} + \boldsymbol{r}_{i,j-1}$$

$D_{xy}^{(0)} \boldsymbol{r}_{i,j}^{n}$ 是 $\boldsymbol{r}$ 的二阶混合偏导数 $\boldsymbol{r}_{xy}$ 的中心差分,记作

$$D_{xx}^{(0)} \boldsymbol{r}_{i,j}^{n} = \frac{\boldsymbol{r}_{i+1,j+1}^{n} + \boldsymbol{r}_{i-1,j-1}^{n} - \boldsymbol{r}_{i+1,j-1}^{n} - \boldsymbol{r}_{i-1,j+1}^{n}}{4}$$

采用迎风方案数值计算 $\lambda |\nabla \boldsymbol{r}| h \times \left(\delta - \dfrac{\hat{\boldsymbol{I}}}{h \times \boldsymbol{r}}\right)$,如下:

$$Q_{i,j}^{n} = -\lambda |\nabla \boldsymbol{r}| h \times \left(\delta - \frac{\hat{\boldsymbol{I}}}{h \times \boldsymbol{r}}\right) = -\lambda [\max(\beta_{ij},0) \nabla^{(+)} + \min(\beta_{ij},0) \nabla^{(-)}]$$

$$(8.20)$$

其中:

$$\beta_{i,j} = \left(h \times \left(\delta - \frac{g}{h \times \boldsymbol{r}}\right)\right)_{i,j}$$

$$\nabla^{(-)} = \sqrt{[\max(D_x^{(+)} \boldsymbol{r}_{ij},0)]^2 + [\min(D_x^{(-)} \boldsymbol{r}_{ij},0)]^2 + [\max(D_y^{(+)} \boldsymbol{r}_{ij},0)]^2 + [\min(D_y^{(-)} \boldsymbol{r}_{ij},0)]^2}$$

$$\nabla^{(+)} = \sqrt{[\max(D_x^{(-)} \boldsymbol{r}_{ij},0)]^2 + [\min(D_x^{(+)} \boldsymbol{r}_{ij},0)]^2 + [\max(D_y^{(-)} \boldsymbol{r}_{ij},0)]^2 + [\min(D_y^{(+)} \boldsymbol{r}_{ij},0)]^2}$$

　　具体的数值算法步骤是首先给定初始清晰图像为获得散焦图像 $r_0 = \hat{I}$,然后在第 $n+1$ 次迭代中,对于每个像素点,都将式(8.19)和式(8.20)代入下式:

$$\boldsymbol{r}_{i,j}^{n+1} = \boldsymbol{r}_{i,j}^{n} + \Delta t(P_{i,j}^{n} + Q_{i,j}^{n})$$

直到满足收敛条件,输入结果。

　　在文献[102]中给出当满足 Courant-Friedrichs-Lewy(CFL)条件时,该数值解法是稳定的。数值解法的稳定是指只有当在迭代过程所产生的误差始终保持在足够小的范围之内时,具有稳定性的数值方案才是可用的。本问题的 CFL 条件为

$$\frac{\Delta t}{\Delta x \Delta y} \leqslant c$$

其中:$c > 0$ 为一给定常数。

8.4　实验结果与分析

　　本章作为第 2 章的延续,进一步分析如何从带有噪声的模糊图像估计清晰图像。为了测试本章所提出的模型的性能,本节实验仍分为标准测试图像去模糊和真实医学影像去模糊。

　　在标准测试图像去模糊实验中,采用 Lena 和 Cameraman 两幅标准测试图像,其尺寸均为 256×256。带有噪声的模糊图像是首先对两幅标准测试图像做标准

差为 3、尺寸为 7×7 的高斯核模糊,然后加上均值为 0、标准差为 10 的高斯噪声。在式(8.12)中调节保真项和正则项之间关系的拉格朗日乘子 $\lambda=0.2$。

为了比较基于 I-divergence 准则的全变分图像去模糊模型(total variation based Image deblurring based on I-divergence,TV_ID)和基于最小二乘准则的全变分图像去模糊模型(total variation based image deblurring based on least squared criterion,TV_LS)对带有噪声的模糊图像去模糊效果,采用峰值信噪比(PSNR)和模糊信噪比(blurred signal to noise ratio,BSNR)作为性能测试指标。

PSNR 是用于衡量去模糊算法的性能。BSNR 是用于衡量图像受噪声污染的程度,其表示为[94]

$$\text{BSNR} = 10\lg\left\{\frac{\frac{1}{MN}\sum_{x=1}^{M}\sum_{y=1}^{N}[f(x,y)-\overline{f}(x,y)]^2}{\sigma^2}\right\} \qquad (8.21)$$

其中:$f(x,y)=g(x,y)-n(x,y)$,g 表示模糊的加有噪声的图像;$\overline{f}(x,y)=E\{f\}$,表示 f 的期望或均值;σ^2 为加性噪声的方差。BSNR 的值越小,说明图像受污染的程度越小;反之,图像受污染的程度越大。

采用 TV_LS 和 TV_ID 对 Lena 和 Cameraman 两幅带有噪声的模糊图像去模糊,去模糊结果的 PSNR 和 BSNR 值如表 8.1 所示。

表 8.1 TV_LS 和 TV_ID 对两幅图像去模糊结果的 BSNR 和 PSNR 比较(单位:db)

图像	方法	BSNR	PSNR
Lena	TV_LS	16.299 2	27.060 4
	TV_ID	14.336 8	29.022 7
Cameraman	TV_LS	20.198 2	23.161 4
	TV_ID	18.041 9	25.317 7

从表 8.1 可以看出,TV_ID 对 Lena 和 Cameraman 进行图像去模糊,其 PSNR 均大于 TV_LS,说明 TV_ID 去模糊算法性能优于 TV_LS;TV_ID 对 Lena 和 Cameraman 进行图像去模糊,其 BSNR 均小于 TV_LS,说明 TV_ID 所去模糊的图像受污染程度小于 TV_LS 所去模糊的图像。综上说明,TV_ID 在 PSNR 和 BSNR 方面优于 TV_LS。

在图 8.2 中所示的实验中,图 8.2(a)是尺寸为 256×256 的灰色 Lena 图像采用标准差为 3、尺寸为 7×7 的高斯核对 Lena 原图像进行高斯模糊,然后加上均值为 0、标准差为 10 的高斯噪声,获得带有噪声的模糊图像如图 8.2(b)所示。分别采用 TV_LS 和 TV_ID 进行图像去模糊,结果如图 8.2(c)和图 8.2(d)所示。

（a）　　　　　（b）　　　　　（c）　　　　　（d）

图 8.2　Lena 图像去模糊结果：（a）Lena 原图像，（b）带有噪声的模糊 Lena 图像，
（c）TV_LS 模型，（d）TV_ID 模型

在图 8.3 所示的实验中，图 8.3（a）是尺寸为 256×256 的灰色 Cameraman 图像采用标准差为 3、尺寸为 7×7 的高斯核对 Cameraman 原图像进行高斯模糊，然后加上均值为 0、标准差为 10 的高斯噪声，获得带有噪声的模糊图像如图 8.3（b）所示，分别采用 TV_LS 和 TV_ID 进行图像去模糊，结果如图 8.3（c）和图 8.3（d）所示。

（a）　　　　　（b）　　　　　（c）　　　　　（d）

图 8.3　Cameraman 图像去模糊结果：（a）Cameraman 原图像，（b）带有噪声的
模糊 Cameraman 图像，（c）TV_LS 模型，（d）TV_ID 模型

通过比较图 8.2 和图 8.3，可以看出，TV_ID 的去模糊后图像视觉效果好于 TV_LS，尤其在红色框区域。

在真实医学影像去模糊实验中，对三幅真实医学影像加上均值为 0、标准差为 5 的高斯噪声。以第 2 章所选定标准差为 1.6,1,0.8，尺寸为 13×13 的高斯核。分别采用 TV_LS 和 TV_ID 对医学影像 1、医学影像 2、医学影像 3 进行去模糊。

在图 8.4 所示的实验中，图 8.4（a）是尺寸为 425×582 的真实医学影像 1，加上均值为 0、标准差为 5 的高斯噪声，获得带有噪声的模糊图像如图 8.4（b）所示。选定标准差为 1.6、尺寸为 13×13 的高斯核，分别采用 TV_LS 和 TV_ID 进行图像去模糊，结果如图 8.4（c）和图 8.4（d）所示。

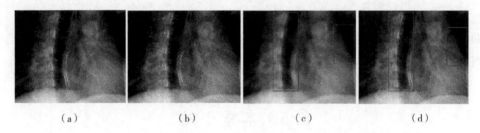

图 8.4　医学影像 1 去模糊结果：(a)医学影像 1，(b) 带有噪声的医学影像 1，

(c) TV_LS 模型，(d) TV_ID 模型

在图 8.5 所示的实验中，图 8.5(a)是尺寸为 428×352 的真实医学影像 2，加上均值为 0、标准差为 5 的高斯噪声，获得带有噪声的模糊图像如图 8.5(b)所示。选定标准差为 1、尺寸为 13×13 的高斯核，分别采用 TV_LS 和 TV_ID 进行图像去模糊，结果如图 8.5(c)和图 8.5(d)所示。

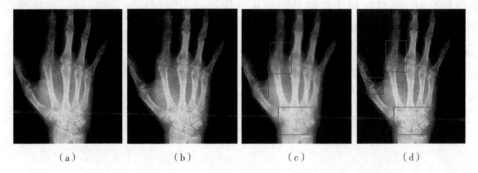

图 8.5　医学影像 2 去模糊结果：(a)医学影像 2，(b) 带有噪声的医学影像 2，

(c) TV_LS 模型，(d) TV_ID 模型

在图 8.6 所示的实验中，图 8.6(a)是尺寸为 475×545 的真实医学影像 3，加上均值为 0、标准差为 5 的高斯噪声，获得带有噪声的模糊图像如图 8.6(b)所示。选定标准差为 0.8、尺寸为 13×13 的高斯核，分别采用 TV_LS 和 TV_ID 进行图像去模糊，结果如图 8.6(c)和图 8.6(d)所示。

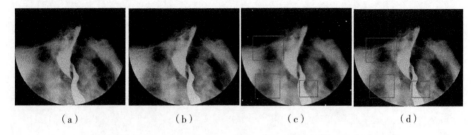

图 8.6　医学影像 3 去模糊结果：(a)医学影像 3，(b) 带有噪声的医学影像 3，

(c) TV_LS 模型，(d) TV_ID 模型

通过比较图 8.4、图 8.5、图 8.6 实验结果的视觉效果,可以看出在每幅图(c)和(d)的红框标示处,(d)的去模糊效果优于(c)的效果。因此,TV_ID 的去模糊后图像视觉效果优于 TV_LS 所去模糊的图像。

8.5　本章小结

本章是对第 7 章的图像去模糊问题的一个推广,主要研究带有噪声的模糊图像的去模糊问题,是反问题中的解半盲卷积问题。解决解半盲卷积问题的途径之一就是将其转化为泛函极值问题,而泛函极值由保真项和正则项构成。由于图像去模糊问题中所涉及的函数均为非负实值函数,因此保真项选择 I-divergence 准则具有仅有的一致性。由于全变分正则化方法能在去除图像噪声的同时,较好地保护图像边缘与纹理信息,因此正则项选取 TV 项。综上可知,泛函极值由 I-divergence 准则和 TV 项构成。首先,将其转化为 Euler-Lagrange 方程,引入时间变量,进一步转化为梯度下降流,综合中心差分法和迎风方案构造数值解法。实验结果表明 TV_ID 在去模糊后图像视觉效果、PSNR 和 BSNR 方面均好于 TV_LS。

第 9 章　基于几何约束的散焦图像的
深度估计方法

9.1　引　言

  DFD 问题是计算机视觉领域中一个重要的研究内容,它已广泛应用于微创手术、机器人技术、遥感和管道工程等领域。DFD 问题是在同一视角下,改变相机参数(如焦距或透镜半径)而获得多幅散焦图像,以此估计场景的深度信息。与其他基于图像的深度估计方法相比,如 DFS (depth from stereo)和 DFM(depth from motion),DFD 可以有效避免匹配问题[105]。

  自 1987 年 Pentland 提出 DFD 方法以来,该方法已得到广泛的研究和迅速的发展。大致可分为两类:确定性方法和统计性方法。确定性方法分为空间域方法和频率域方法,首先根据光学成像原理建立某一指标与深度的关系,通过估计这一指标,达到深度估计的目的。这种方法与其他方法相比,只估计深度信息,可以忽略清晰图像的估计,算法操作简单,效率高,但精度较低,尤其是噪声和窗口化对深度估计结果影响较大[156-163]。统计性方法是对深度信息和清晰图像建立马尔可夫随机场(Markov random field,MRF)模型,将其转化为能量函数,再用最小化能量函数估计深度信息和清晰图像。该种方法不同于确定性方法,在估计深度信息的同时要估计清晰图像,使得其深度估计结果比确定性方法精度高,但是求解能量函数需要较大运算量,计算效率较低[164]。

  为了达到计算精度与效率的平衡,部分研究者提出了正则化方法,[165-171]。该方法是考虑图像的几何成像原理,一幅模糊图像是由清晰图像与 PSF 卷积而成,可以表示如下:

$$I(\boldsymbol{y}) = \int_{\Omega} h_{\sigma}^{u}(\boldsymbol{y},\boldsymbol{x}) f(\boldsymbol{x}) \mathrm{d}\boldsymbol{x} \tag{9.1}$$

其中:$f:\Omega \mapsto [0,1]$ 是场景清晰图像;h_{σ}^{u} 是相机的 PSF,它依赖于相机参数 u 和场景深度 $D:\mathbb{Z}^2 \mapsto [0,\infty]$,$\boldsymbol{y}=[y_1,y_2]^{\mathrm{T}}$ 代表像平面上点,$\boldsymbol{x}=[x_1,x_2]^{\mathrm{T}}$ 表示三维空间

的点。模糊图像的获取过程是第一类 Fredholm 积分过程，DFD 问题主要就是从散焦图像估计深度信息和清晰图像，即由一个已知量估计两个未知量，该类问题属于解盲卷积问题，解盲卷积问题最主要的方法为正则化方法。相对于统计性方法来说，该方法能够在保证精度的同时提高运算效率。相对于确定性方法来说，该方法效率相对来说较低，但精度较高。

虽然正则化方法达到了精度与效率的平衡，但效率还是比较低，不能满足实际需要，造成效率较低的主要原因有：①需要同时估计深度信息与清晰图像，使其变为双层优化问题，求解过程效率较低[165,166]；②正则项（如非局部均匀正则项，TV 项等）较为复杂、使得求解优化问题过程效率较低[171]。

原因①的出现主要是因为正则化方法所构造的泛函极值是由观测散焦图像与由清晰图像所构造的生成散焦图像的差异性函数表示，这里的由清晰图像构造的生成散焦图像是指由欲求解的清晰图像与模糊参数决定的 PSF 卷积而成。在DFD 问题中，只关心深度信息估计，因此为了避免求解清晰图像，本书构造的泛函极值函数是散焦度较大的观测散焦图像与由散焦度较小的观测散焦图像构造的生成散焦图像。由散焦度较小的观测散焦图像构造的生成散焦图像是指由散焦度较小的观测散焦图像与模糊参数决定的 PSF 卷积而成。这样会使得 DFD 建立的解盲卷积问题转化为解半盲卷积问题。

为了避免由于较复杂的正则项造成的算法效率低，本章根据真实孔径成像几何原理，在不同情况下，推导一系列关于 PSF 的相对扩散参数的区间约束。

由于 DFD 中所涉及的清晰图像和观测图像，以及 PSF 所涉及的所有变量均为非负，由文献[89]所知，差异性准则选取 I-divergence 准则是唯一的一致性选择，保证在提高算法效率的同时，提高深度估计的精度。

9.2 基于几何约束的散焦图像的深度估计模型

本节主要分析如何将 DFD 的解盲卷积问题转化为解半盲卷积问题，根据不同聚焦平面与成像平面的位置关系，推导一系列关于 PSF 的相对扩散参数的区间约束，从而解决带有区间约束的优化问题，并提出改进的枚举法。

9.2.1 散焦图像的差异模型

真实孔径的成像几何原理如图 9.1 所示，当聚焦平面与成像平面处于同一位置($v=v_0$)时,焦距 F、物距 D 与像距 v 有如下关系:$1/D+1/v=1/F$。

当聚焦平面与成像平面不处于同一位置($v\neq v_0$)时,分为两种情况:

(1)当 $v_0<v$ 时,有 $1/F<1/D+1/v_0$,这时在成像平面的模糊半径 r 表示为

$$r = r_0 v_0 \left(\frac{1}{v_0} + \frac{1}{D} - \frac{1}{F} \right) \tag{9.2}$$

(2)当 $v_0>v$ 时,有 $1/F>1/D+1/v_0$,这时在成像平面的模糊半径 r 表示为

$$r = r_0 v_0 \left(\frac{1}{F} - \frac{1}{v_0} - \frac{1}{D} \right) \tag{9.3}$$

在式(9.2)和式(9.3)中,r_0 表示透镜半径。综合式(9.2)和式(9.3),模糊参数 σ 的表达式为

$$\sigma = \rho \, r_0 v_0 \left| \frac{1}{F} - \frac{1}{v} - \frac{1}{D} \right| \tag{9.4}$$

其中:ρ 是相机的一个固定参数,其取决于成像平面的分辨率。由此可以看出,如果已知模糊参数 σ,即可估计深度信息 D。

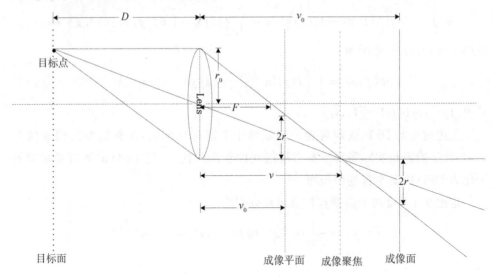

图 9.1　真实孔径的成像几何结构图

在这里,模糊参数就是 PSF 的扩散参数,体现在 PSF 中,以高斯扩散函数为例,PSF 可以表示为

$$h_\sigma^u(\boldsymbol{y}, \boldsymbol{x}) = \frac{1}{2\pi\sigma^2} e^{-\frac{\|\boldsymbol{y}-\boldsymbol{x}\|^2}{2\sigma^2}} \tag{9.5}$$

由于模糊参数是由一组相机参数 u 而获得的,因此在 PSF 采用 $h_\sigma^u(\boldsymbol{y}, \boldsymbol{x})$ 形式表示,以此说明不同相机参数和不同深度都会影响 PSF 形式。

在 DFD 中,一般需要获取两幅散焦图像 I_1 和 I_2,为了区分观测散焦图像与生成散焦图像,采用 $\tilde{I}_1$ 和 $\tilde{I}_2$ 表示由清晰图像与 PSF 卷积而成的生成散焦图像。两幅生成散焦图像 $\tilde{I}_1$ 和 $\tilde{I}_2$ 如下:

$$\tilde{I}_1(y) = \int_\Omega h^{u_1}_{\sigma_1}(\boldsymbol{y}, \boldsymbol{x}) f(\boldsymbol{x}) \mathrm{d}x \tag{9.6}$$

$$\tilde{I}_2(y) = \int_\Omega h^{u_2}_{\sigma_2}(\boldsymbol{y}, \boldsymbol{x}) f(\boldsymbol{x}) \mathrm{d}x \tag{9.7}$$

其中:u_1 和 u_2 表示相机在拍摄两幅散焦图像 I_1 和 I_2 的两个参数;σ_1 和 σ_2 表示两幅散焦图像 I_1 和 I_2 的 PSF 的扩散参数。

在上述问题中,深度信息 D 与清晰图像 f 是两个未知量,DFD 问题就是从所观测的两幅散焦图像 I_1 和 I_2 估计深度信息 D 与清晰图像 f,这类问题为解盲卷积问题。采用正则化方法解决盲卷积问题,构造差异性函数形成泛函极值函数如下:

$$\hat{f}, \hat{\sigma} = \underset{f,\sigma}{\operatorname{argmin}} \Phi(f,\sigma) \tag{9.8}$$

采用最小二乘准则为

$$\Phi(f,\sigma) = \int_\Omega \left\| \boldsymbol{I}(\boldsymbol{y}) - \tilde{\boldsymbol{I}}^u_\sigma(\boldsymbol{y}) \right\|^2_2 \mathrm{d}\boldsymbol{y} = \int_\Omega \left\| \boldsymbol{I}(\boldsymbol{y}) - \int_\Omega h^u_\sigma(\boldsymbol{y},\boldsymbol{x}) f(\boldsymbol{x}) \mathrm{d}x \right\|^2_2 \mathrm{d}\boldsymbol{y} \tag{9.9}$$

采用 I-divergence 准则为

$$\Phi(f,\sigma) = \int_\Omega \left(\boldsymbol{I}(\boldsymbol{y}) \ln \frac{\boldsymbol{I}(\boldsymbol{y})}{\tilde{\boldsymbol{I}}^u_\sigma(\boldsymbol{y})} - \boldsymbol{I}(\boldsymbol{y}) + \tilde{\boldsymbol{I}}^u_\sigma(\boldsymbol{y}) \right) \mathrm{d}\boldsymbol{y} \tag{9.10}$$

其中:$\boldsymbol{I} = [\boldsymbol{I}_1; \boldsymbol{I}_2]; \tilde{\boldsymbol{I}} = [\tilde{\boldsymbol{I}}_1; \tilde{\boldsymbol{I}}_2]$。

上述讨论的 DFD 的解盲卷积问题属于双层优化问题,求解这类问题非常复杂,导致不能满足实际需要。本书根据线性卷积的性质,将 DFD 的解盲卷积问题转化为 DFD 的解半盲卷积问题。

定理 9.1 设两个高斯点扩散函数分别为

$$h_{\sigma_1}(\boldsymbol{x},\boldsymbol{y}) = \frac{1}{2\pi\sigma_1^2} \mathrm{e}^{-\frac{x^2+y^2}{2\sigma_1^2}} \text{ 和 } h_{\sigma_2}(\boldsymbol{x},\boldsymbol{y}) = \frac{1}{2\pi\sigma_2^2} \mathrm{e}^{-\frac{x^2+y^2}{2\sigma_2^2}},$$

则

$$h_{\sigma_3}(\boldsymbol{x},\boldsymbol{y}) = h_{\sigma_1}(\boldsymbol{x},\boldsymbol{y}) * h_{\sigma_2}(\boldsymbol{x},\boldsymbol{y}) = \frac{1}{2\pi(\sigma_1^2+\sigma_2^2)} \mathrm{e}^{-\frac{x^2+y^2}{2(\sigma_1^2+\sigma_2^2)}} \tag{9.11}$$

证明:

$$h_{\sigma_3}(\boldsymbol{x},\boldsymbol{y}) = h_{\sigma_1}(\boldsymbol{x},\boldsymbol{y}) * h_{\sigma_2}(\boldsymbol{x},\boldsymbol{y}) = \int_{-\infty}^{+\infty} \int_{-\infty}^{+\infty} h_{\sigma_1}(\boldsymbol{x}-u, \boldsymbol{y}-v) h_{\sigma_2}(u,v) \mathrm{d}u\mathrm{d}v$$

将 $h_{\sigma_1}(\boldsymbol{x},\boldsymbol{y})$ 和 $h_{\sigma_2}(\boldsymbol{x},\boldsymbol{y})$ 代入上式得

$$\int_{-\infty}^{+\infty} \int_{-\infty}^{+\infty} \frac{1}{2\pi\sigma_1^2} \mathrm{e}^{-\frac{(x-u)^2+(y-v)^2}{2\sigma_1^2}} \frac{1}{2\pi\sigma_2^2} \mathrm{e}^{-\frac{u^2+v^2}{2\sigma_2^2}} \mathrm{d}u\mathrm{d}v$$

将上式裂项得

$$\frac{1}{(2\pi)^2 \sigma_1^2 \sigma_2^2} \int_{-\infty}^{+\infty} e^{-\left[\frac{(x-u)^2}{2\sigma_1^2} + \frac{u^2}{2\sigma_2^2}\right]} du \int_{-\infty}^{+\infty} e^{-\left[\frac{(y-v)^2}{2\sigma_1^2} + \frac{v^2}{2\sigma_2^2}\right]} dv \qquad (9.12)$$

由式（9.12）的第一项得

$$\int_{-\infty}^{+\infty} e^{-\left[\frac{(x-u)^2}{2\sigma_1^2} + \frac{u^2}{2\sigma_2^2}\right]} du = e^{-\frac{x^2}{2(\sigma_1^2+\sigma_2^2)}} \int_{-\infty}^{+\infty} e^{-\left[\frac{\sqrt{\sigma_1^2+\sigma_2^2}}{\sqrt{2}\sigma_1\sigma_2} u - \frac{\sigma_2}{\sqrt{2}\sigma\sqrt{\sigma_1^2+\sigma_2^2}} x\right]^2} du \qquad (9.13)$$

令 $t = \frac{\sqrt{\sigma_1^2+\sigma_2^2}}{\sqrt{2}\sigma_1\sigma_2} u - \frac{\sigma_2}{\sqrt{2}\sigma\sqrt{\sigma_1^2+\sigma_2^2}} x$，则 $du = \frac{\sqrt{2}\sigma_1\sigma_2}{\sqrt{\sigma_1^2+\sigma_2^2}} dt$，又因为 $\int_{-\infty}^{+\infty} e^{-t^2} dt = \sqrt{\pi}$，则式

（9.13）转化为

$$\int_{-\infty}^{+\infty} e^{-\left[\frac{(x-u)^2}{2\sigma_1^2} + \frac{u^2}{2\sigma_2^2}\right]} du = \frac{\sqrt{2\pi}\sigma_1\sigma_2}{\sqrt{\sigma_1^2+\sigma_2^2}} e^{-\frac{x^2}{2(\sigma_1^2+\sigma_2^2)}} \qquad (9.14)$$

同理

$$\int_{-\infty}^{+\infty} e^{-\left[\frac{(y-v)^2}{2\sigma_1^2} + \frac{v^2}{2\sigma_2^2}\right]} dv = \frac{\sqrt{2\pi}\sigma_1\sigma_2}{\sqrt{\sigma_1^2+\sigma_2^2}} e^{-\frac{y^2}{2(\sigma_1^2+\sigma_2^2)}} \qquad (9.15)$$

将式（9.14）和式（9.15）代入式（9.12）即得式（9.11），命题得证。

从定理 9.1 可得推论 9.1：

推论 9.1　若三个高斯点扩散函数 $h_{\sigma_1}(\pmb{x},\pmb{y})$、$h_{\sigma_2}(\pmb{x},\pmb{y})$ 和 $h_{\sigma_3}(\pmb{x},\pmb{y})$ 的扩散系数分别为 σ_1，σ_2 和 σ_3，且满足 $\sigma_1^2 < \sigma_3^2$，并且由 $h_{\sigma_1}(\pmb{x},\pmb{y})$ 与 $h_{\sigma_2}(\pmb{x},\pmb{y})$ 卷积得 $h_{\sigma_3}(\pmb{x},\pmb{y})$，则 $h_{\sigma_2}(\pmb{x},\pmb{y})$ 的扩散系数 σ_2 为 $\sqrt{\sigma_3^2-\sigma_1^2}$。

一方面，一幅散焦图像是由清晰图像与 PSF 卷积而成；另一方面，一幅散焦图像 $\pmb{I}_1$ 的模糊程度大于另一幅散焦图像 $\pmb{I}_2$，即 $\sigma_1^2 > \sigma_2^2$。由上述两个原因可知，一幅模糊程度较大的图像可以由模糊程度较小的散焦图像与点扩散系数为 $\Delta\sigma = \sqrt{\sigma_1^2-\sigma_2^2}$ 的高斯点扩散函数卷积而成。从而避免求解清晰图像。这样就可以将 DFD 的解盲卷积问题转化为解半盲卷积问题。主要方法就是将观测到模糊程度较小的散焦图像进一步模糊直至与观测到模糊程度较大的散焦图像一致为止。

由于场景的深度信息不同，造成所观测的两幅散焦图像的散焦程度，在某些部分，散焦图像 $\pmb{I}_1$ 的模糊程度大于散焦图像 $\pmb{I}_2$；而在其他部分，散焦图像 $\pmb{I}_2$ 的模糊程度大于散焦图像 $\pmb{I}_1$。在数学表示上可以表示为 $\Sigma = \{y: \sigma_1^2 > \sigma_2^2\}$ 和 $\Sigma^c = \{y: \sigma_1^2 < \sigma_2^2\}$。另外，为了区分观测散焦图像与由模糊程度较小的观测散焦图像与 PSF 卷积而得的生成散焦图像，分别记为 $\pmb{I}_1$ 和 $\hat{\pmb{I}}_1$，及 $\pmb{I}_2$ 和 $\hat{\pmb{I}}_2$。

在 $y \in \Sigma = \{y: \sigma_1^2 > \sigma_2^2\}$ 中，观测散焦图像 $\pmb{I}_2$ 被进一步模糊，获得生成散焦图像 $\hat{\pmb{I}}_1$：

$$\hat{\pmb{I}}_1(y) = \int h_{\sigma_1}(\pmb{y},\pmb{x}) f(\pmb{x}) d\pmb{x} \simeq \int h_{\Delta\sigma}(\pmb{y},\bar{\pmb{y}}) \pmb{I}_2(\bar{\pmb{y}}) d\bar{\pmb{y}} \qquad (9.16)$$

其中：$\Delta\sigma=\sqrt{\sigma_1^2-\sigma_2^2}$。

在 $\boldsymbol{y}\in\Sigma^c=\{\boldsymbol{y}:\sigma_1^2<\sigma_2^2\}$ 中，观测散焦图像 $\boldsymbol{I}_1$ 被进一步模糊，获得生成散焦图像 $\hat{\boldsymbol{I}}_2$，

$$\hat{\boldsymbol{I}}_2(y)=\int h_{\sigma_2}(\boldsymbol{y},\boldsymbol{x})f(\boldsymbol{x})\mathrm{d}\boldsymbol{x}\simeq\int h_{\Delta\sigma}(\boldsymbol{y},\bar{\boldsymbol{y}})\boldsymbol{I}_1(\bar{\boldsymbol{y}})\mathrm{d}\bar{\boldsymbol{y}}$$

其中：$\Delta\sigma=-\sqrt{\sigma_2^2-\sigma_1^2}$。

观测散焦图像与由模糊程度较小的观测散焦图像与 PSF 卷积而生成散焦图像的差异性准则下，构造泛函极值函数为

$$\hat{\Delta\sigma}=\underset{\Delta\sigma}{\operatorname{argmin}}\Phi(\Delta\sigma) \tag{9.17}$$

采用最小二乘准则为

$$\begin{aligned}\Phi(\Delta\sigma)&=\int_\Sigma\|\hat{\boldsymbol{I}}_1(\boldsymbol{y})-\boldsymbol{I}_1(\boldsymbol{y})\|_2^2\mathrm{d}\boldsymbol{y}+\int_{\Sigma^c}\|\hat{\boldsymbol{I}}_2(\boldsymbol{y})-\boldsymbol{I}_2(\boldsymbol{y})\|_2^2\mathrm{d}\boldsymbol{y}\\&=\int H(\Delta\sigma(\boldsymbol{y}))\|\hat{\boldsymbol{I}}_1(\boldsymbol{y})-\boldsymbol{I}_1(\boldsymbol{y})\|_2^2\mathrm{d}\boldsymbol{y}\\&\quad+\int(1-H(\Delta\sigma(\boldsymbol{y})))\|\hat{\boldsymbol{I}}_2(\boldsymbol{y})-\boldsymbol{I}_2(\boldsymbol{y})\|_2^2\mathrm{d}\boldsymbol{y}\end{aligned} \tag{9.18}$$

由定理 9.1 可知，DFD 中所涉及的清晰图像，观测图像和 PSF 所涉及的所有变量均为非负，因此采用 I-divergence 准则为

$$\begin{aligned}\Phi(\Delta\sigma)&=\int_\Sigma\left\{\boldsymbol{I}_1(\boldsymbol{y})\ln\frac{\boldsymbol{I}_1(\boldsymbol{y})}{\hat{\boldsymbol{I}}_1(\boldsymbol{y})}-\boldsymbol{I}_1(\boldsymbol{y})+\hat{\boldsymbol{I}}_1(\boldsymbol{y})\right\}\mathrm{d}\boldsymbol{y}\\&\quad+\int_{\Sigma^c}\left\{\boldsymbol{I}_2(\boldsymbol{y})\ln\frac{\boldsymbol{I}_2(\boldsymbol{y})}{\hat{\boldsymbol{I}}_2(\boldsymbol{y})}-\boldsymbol{I}_2(\boldsymbol{y})+\hat{\boldsymbol{I}}_2(\boldsymbol{y})\right\}\mathrm{d}\boldsymbol{y}\\&=\int H(\Delta\sigma(\boldsymbol{y}))\left\{\boldsymbol{I}_1(\boldsymbol{y})\ln\frac{\boldsymbol{I}_1(\boldsymbol{y})}{\hat{\boldsymbol{I}}_1(\boldsymbol{y})}-\boldsymbol{I}_1(\boldsymbol{y})+\hat{\boldsymbol{I}}_1(\boldsymbol{y})\right\}\mathrm{d}\boldsymbol{y}\\&\quad+\int(1-H(\Delta\sigma(\boldsymbol{y})))\left\{\boldsymbol{I}_2(\boldsymbol{y})\ln\frac{\boldsymbol{I}_2(\boldsymbol{y})}{\hat{\boldsymbol{I}}_2(\boldsymbol{y})}-\boldsymbol{I}_2(\boldsymbol{y})+\hat{\boldsymbol{I}}_2(\boldsymbol{y})\right\}\mathrm{d}\boldsymbol{y}\end{aligned}$$

$$\tag{9.19}$$

其中：$H(x)$ 表示 Heaviside 函数，记为

$$H(x)=\frac{1+\operatorname{sgn}(x)}{2}=\begin{cases}0,x<0\\0.5,x=0\\1,x>0\end{cases}$$

通过求解式(9.17)的优化问题，获得使得式(9.17)成立的 $\Delta\sigma$，通过 $\Delta\sigma$ 与深度信息 D 的关系式，可以由 $\Delta\sigma$ 而获得深度信息 D。$\Delta\sigma$ 与深度信息 D 的关系由定理 9.2 给出。

定理 9.2 设所观测两幅散焦图像 $\boldsymbol{I}_1$ 和 $S=\{s_1,s_2,\cdots,s_N\}$ 的相机参数分别为

$u_1 = (r_0, F, v_1, \rho)$ 和 $u_2 = (r_0, F, v_2, \rho)$，其中 r_0 表示孔径半径；F 表示相机焦距；v_1 和 v_2 分别表示两幅散焦图像的成像平面距透镜的距离；ρ 表示相机固定参数，则 $\Delta\sigma$ 与深度信息 D 的关系如下：

$$D(y) = \left(\frac{1}{F} - \frac{1}{v_1 + v_2} - \frac{1}{v_1 + v_2} \sqrt{1 + \frac{\Delta\sigma(y) \mid \Delta\sigma(y) \mid}{\rho^2 r_0^2} \cdot \frac{v_1 + v_2}{v_1 - v_2}} \right)^{-1}$$

(9.20)

证明：由式(9.4)可得

$$\sigma_1^2 = \rho^2 \cdot r_0^0 v_1^2 \left(\frac{1}{F} - \frac{1}{v_1} - \frac{1}{D} \right)^2$$

(9.21)

$$\sigma_2^2 = \rho^2 \cdot r_0^0 v_2^2 \left(\frac{1}{F} - \frac{1}{v_2} - \frac{1}{D} \right)^2$$

(9.22)

由式(9.21)和式(9.22)可得

$$\frac{\Delta\sigma \mid \Delta\sigma \mid}{\rho^2 r_0^2} = \frac{\sigma_1^2 - \sigma_2^2}{\rho^2 r_0^2} \left(\frac{v_1}{F} - \frac{v_1}{D} - 1 \right)^2 - \left(\frac{v_2}{F} - \frac{v_2}{D} - 1 \right)^2$$

(9.23)

将上式因式分解，整理得

$$\frac{\Delta\sigma \mid \Delta\sigma \mid}{\rho^2 r_0^2} = (v_1 - v_2) \left(\frac{1}{F} - \frac{1}{D} \right) \left(\frac{1}{F} - \frac{1}{D} - \frac{2}{v_1 + v_2} \right) (v_1 + v_2)$$

将上式写成关于 $\left(\frac{1}{F} - \frac{1}{D} \right)$ 的一元二次方程，得

$$\frac{1}{(v_1 - v_2)(v_1 + v_2)} \frac{\Delta\sigma \mid \Delta\sigma \mid}{\rho^2 r_0^2} = \left(\frac{1}{F} - \frac{1}{D} \right)^2 - \frac{2}{v_1 + v_2} \left(\frac{1}{F} - \frac{1}{D} \right)$$

解一元二次方程得

$$\frac{1}{F} - \frac{1}{D} = \frac{1}{v_1 + v_2} \pm \frac{1}{v_1 + v_2} \sqrt{1 + \frac{\Delta\sigma \mid \Delta\sigma \mid}{\rho^2 r_0^2} \cdot \frac{v_1 + v_2}{v_1 - v_2}}$$

(9.24)

为了保证上式右端的非负性，因此取"+"整理得

$$D(y) = \left(\frac{1}{F} - \frac{1}{v_1 + v_2} - \frac{1}{v_1 + v_2} \sqrt{1 + \frac{\Delta\sigma(y) \mid \Delta\sigma(y) \mid}{\rho^2 r_0^2} \cdot \frac{v_1 + v_2}{v_1 - v_2}} \right)^{-1} 。$$

9.2.2　几何约束的推导

由于关于 $\Delta\sigma$ 的优化问题[如式(9.18)和式(9.19)]对 $\Delta\sigma$ 无任何限制，使得优化问题的解空间较大，容易陷入局部最优解。本书根据真实孔径成像原理，减少可行解空间，从而提高求解优化问题的效率和精度。

由于所观测的两幅散焦图像均由照相机或摄像机拍摄而成，所以散焦图像是倒立和缩小的实像。由真实孔径成像几何原理可知，聚焦平面到透镜距离 v，相机

焦距 $H \rightarrow H$ 满足 $F < v < 2F$。根据两幅散焦图像的成像平面 v_1 和 v_2，聚焦平面到透镜距离 v 和相机焦距 F 位置关系，推导 $\Delta\sigma$ 不同区间约束，共分为如下四种情况：

（1）由图 9.2(a)可知 $F < v < v_1$，$\Delta\sigma$ 的区间约束为

$$\rho^2 r_0^2 \frac{v_1 - v_2}{v_1 + v_2} \left[\left(\frac{v_1 + v_2}{F} \right)^2 - \frac{2(v_1 + v_2)}{F} \right] < \Delta\sigma \mid \Delta\sigma \mid < \rho^2 r_0^2 \frac{v_1 - v_2}{v_1 + v_2} \left(\frac{v_2^2}{v_1^2} - 1 \right)$$

$$(9.25)$$

式(9.25)的推导过程如下：

将式(9.2)代入 $F < v < v_1$ 中得

$$F < \frac{1}{F} - \frac{1}{D} < v_1$$

将式(9.24)代入到上式得

$$F < \frac{1}{v_1 + v_2} + \frac{1}{v_1 + v_2} \sqrt{1 + \frac{\Delta\sigma \mid \Delta\sigma \mid}{\rho^2 r_0^2} \cdot \frac{v_1 + v_2}{v_1 - v_2}} < v_1$$

解关于 $\Delta\sigma \mid \Delta\sigma \mid$ 的不等式，即可得到式(9.25)。

类似于式(9.25)的推导过程可得到其他三个 $\Delta\sigma$ 的区间约束。

（2）由图 9.2(b)所知 $v_2 < v < 2F$，$\Delta\sigma$ 的区间约束为

$$\rho^2 r_0^2 \frac{v_1 - v_2}{v_1 + v_2} \left(\frac{v_1^2}{v_2^2} - 1 \right) < \Delta\sigma \mid \Delta\sigma \mid < \rho^2 r_0^2 \frac{v_1 - v_2}{v_1 + v_2} \left[\left(\frac{v_1 + v_2}{2F} \right)^2 - \frac{(v_1 + v_2)}{F} \right]$$

$$(9.26)$$

（3）由图 9.2(c)可知 $v_1 < v < \frac{v_1 + v_2}{2}$，$\Delta\sigma$ 的区间约束为

$$\rho^2 r_0^2 \frac{v_1 - v_2}{v_1 + v_2} \left(\frac{v_2^2}{v_1^2} - 1 \right) < \Delta\sigma \mid \Delta\sigma \mid < 0 \qquad (9.27)$$

（4）由图 9.2(d)可知 $\frac{v_1 + v_2}{2} < v < v_2$，$\Delta\sigma$ 的区间约束为

$$0 < \Delta\sigma \mid \Delta\sigma \mid < \rho^2 r_0^2 \frac{v_1 - v_2}{v_1 + v_2} \left(\frac{v_1^2}{v_2^2} - 1 \right) \qquad (9.28)$$

从上述可知，$\Delta\sigma$ 在图 9.2(a)和(c)取负，有 $y \in \Sigma^c = \{y : \sigma_1^2 < \sigma_2^2\}$，执行式(9.18)和式(9.19)的第二项；$\Delta\sigma$ 在图 9.2(b)和(d)取正，有 $y \in \Sigma = \{y : \sigma_1^2 > \sigma_2^2\}$，执行式(9.18)和式(9.19)的第一项。综合图 9.2(a)～(d)而获得图 9.3。

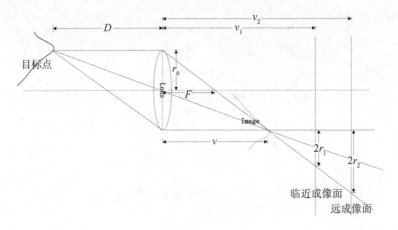

(a)

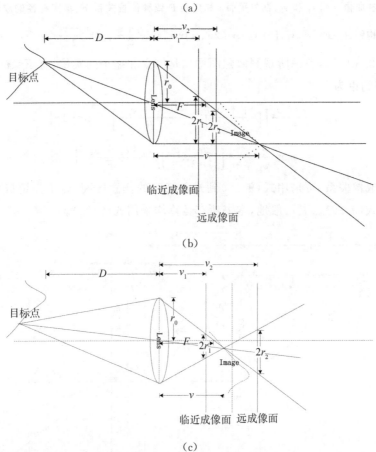

(b)

(c)

图 9.2　在成像平面 v_1 和 v_2，聚焦平面 v 和焦距 F 四种位置关系下，真实孔径的成像几何结构

图：(a)$F < v < v_1$，(b) $v_2 < v < 2F$，(c)$v_1 < v < \dfrac{v_1 + v_2}{2}$，(d)$\dfrac{v_1 + v_2}{2} < v < v_2$

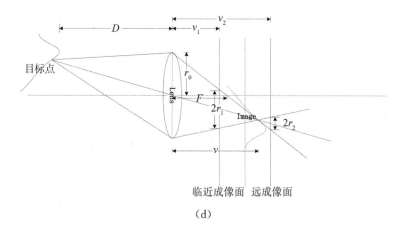

(d)

续图 9.2 在成像平面 v_1 和 v_2，聚焦平面 v 和焦距 F 四种位置关系下，真实孔径的成像几何结构图：$(a)F<v<v_1$，$(b)\ v_2<v<2F$，$(c)v_1<v<\dfrac{v_1+v_2}{2}$，$(d)\dfrac{v_1+v_2}{2}<v<v_2$

由图 9.3 可知，考虑所观测散焦图像均是倒立和缩小的实像，有 $F<v<2F$，则 $\Delta\sigma$ 的区间约束为

$$\rho^2 r_0^2 \frac{v_1-v_2}{v_1+v_2}\left[\left(\frac{v_1+v_2}{F}\right)^2-\frac{2(v_1+v_2)}{F}\right]<\Delta\sigma\,|\,\Delta\sigma\,|$$

$$<\rho^2 r_0^2 \frac{v_1-v_2}{v_1+v_2}\left[\left(\frac{v_1+v_2}{2F}\right)^2-\frac{(v_1+v_2)}{F}\right] \tag{9.29}$$

如果知道成像关系，可采用式（9.25）到式（9.28）的任意区间，若不知道成像关系，直接采用式（9.29）。更一般地，本书所有运算均采用式（9.29）。

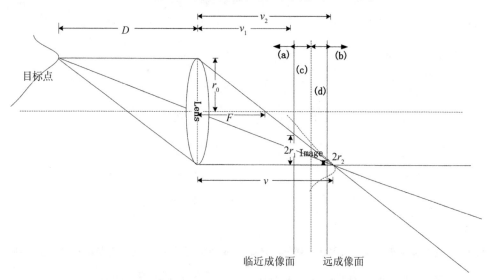

图 9.3 在四种位置关系下，真实孔径的成像几何综合结构图

9.2.3　带有几何约束的散焦图像的深度估计模型

通过 9.2.1 节和 9.2.2 节的分析,建立了优化问题的目标函数与约束条件。由于约束条件是由几何关系获得,因此将其称为几何约束。本书将 DFD 问题转化为带有几何约束的优化问题。为了比较在最小二乘准则与 I-divergence 准则下深度估计精度,分别建立带有几何约束的最小二乘准则下的 DFD 模型和带有几何约束的 I-divergence 准则下的 DFD 模型。采用相机拍摄的散焦图像的相机参数的位置关系未知,本书采用式(9.29)作为几何约束。

带有几何约束的最小二乘准则下的 DFD 模型如下:

$$\min_{\Delta\sigma}\int H(\Delta\sigma(\boldsymbol{y}))\|\hat{\boldsymbol{I}}_1(\boldsymbol{y})-\boldsymbol{I}_1(\boldsymbol{y})\|_2^2\mathrm{d}\boldsymbol{y}+\int(1-H(\Delta\sigma(\boldsymbol{y})))\|\hat{\boldsymbol{I}}_2(\boldsymbol{y})-\boldsymbol{I}_2(\boldsymbol{y})\|_2^2\mathrm{d}\boldsymbol{y}$$

$$\mathrm{s,t.}\quad \rho^2 r_0^2 \frac{v_1-v_2}{v_1+v_2}\left[\left(\frac{v_1+v_2}{F}\right)^2-\frac{2(v_1+v_2)}{F}\right]$$

$$<\Delta\sigma|\Delta\sigma|<\rho^2 r_0^2 \frac{v_1-v_2}{v_1+v_2}\left[\left(\frac{v_1+v_2}{2F}\right)^2-\frac{(v_1+v_2)}{F}\right]$$

$$(9.30)$$

带有几何约束的 I-divergence 准则下的 DFD 模型如下:

$$\min_{\Delta\sigma}\int H(\Delta\sigma(\boldsymbol{y}))\left(\boldsymbol{I}_1(\boldsymbol{y})\log\frac{\boldsymbol{I}_1(\boldsymbol{y})}{\hat{\boldsymbol{I}}_1(\boldsymbol{y})}-\boldsymbol{I}_1(\boldsymbol{y})+\hat{\boldsymbol{I}}_1(\boldsymbol{y})\right)\mathrm{d}\boldsymbol{y}$$

$$+\int(1-H(\Delta\sigma(\boldsymbol{y})))\left(\boldsymbol{I}_2(\boldsymbol{y})\log\frac{\boldsymbol{I}_2(\boldsymbol{y})}{\hat{\boldsymbol{I}}_2(\boldsymbol{y})}-\boldsymbol{I}_2(\boldsymbol{y})+\hat{\boldsymbol{I}}_2(\boldsymbol{y})\right)\mathrm{d}\boldsymbol{y}$$

$$\mathrm{s.\,t.}\quad \rho^2 r_0^2 \frac{v_1-v_2}{v_1+v_2}\left[\left(\frac{v_1+v_2}{F}\right)^2-\frac{2(v_1+v_2)}{F}\right]<\Delta\sigma|\Delta\sigma|$$

$$<\rho^2 r_0^2 \frac{v_1-v_2}{v_1+v_2}\left[\left(\frac{v_1+v_2}{2F}\right)^2-\frac{(v_1+v_2)}{F}\right]$$

$$(9.31)$$

9.2.4　改进的枚举法

由于式(9.30)和式(9.31)均具有带有区间约束的优化问题的简单性和目标函数的单调性,本书采用枚举法求解。枚举法基本思想是利用计算机运算速度快、精确度高的特点,对要解决问题的所有可能情况,一个不漏地进行检验,从中找出符合要求的答案。同时枚举法是通过牺牲时间来换取精确解的一种求解方法。

为了弥补传统方法的不足,本书提出多分辨率枚举法。多分辨率枚举法的基本思想是在整个区间内离散取多个点,从而获取最小值,由最小值左右两点重新构建新的区间,在新的区间内离散取得同样多的点数,按照上述步骤反复操作,直至所获得

区间小于某一定值(该值为很小的正整数)。多分辨率枚举法基本步骤如下:

Step1:由成像参数的几何关系所知的式(9.25)~式(9.29),确定 $\Delta\sigma$ 的区间 $[\alpha,\beta]$;

Step2:对 $[\alpha,\beta]$ 等间隔采样得 $\alpha=\Delta\sigma_0<\Delta\sigma_1<\cdots<\Delta\sigma_n=\beta$;

Step3:最小化式(9.18)和式(9.19)中 $\Phi(\Delta\sigma)$,获得最小值

$$\Delta\sigma_* = \underset{k\in\{0,1,\cdots,n\}}{\mathrm{argmin}}(\Phi(\Delta\sigma_k));$$

Step4:取 $\Delta\sigma_*$ 两侧的离散值,分别赋给 $\Delta\sigma_{*-1}=\alpha$ 和 $\Delta\sigma_{*+1}=\beta$,如果 $|\alpha-\beta|\geqslant\varepsilon$,转到 Step2,否则 $\Delta\sigma_*$ 为式(9.18)和式(9.19)的最小值。

9.2.5 深度估计算法

综合上两节内容,得到基于几何约束的散焦图像的深度估计方法步骤如下:

Step1:获取两幅散焦图像 $\boldsymbol{I}_1$ 和 $S=\{s_1,s_2,\cdots,s_N\}$,分别记录两幅散焦图像的相机参数为 $u_1=(\boldsymbol{r}_0,F,v_1,\rho)$ 和 $u_2=(\boldsymbol{r}_0,F,v_2,\rho)$;

Step2:由 Step1 记录的相机参数,由式(9.25)~式(9.29)确定 $\Delta\sigma$ 的区间 $[\alpha,\beta]$;

Step3:采用多分辨率枚举法求解式(9.30)和式(9.31)的最小值为 $\Delta\sigma_*$;

Step4:根据式(9.20)的深度信息 D 和 $\Delta\sigma$ 的关系,估计深度信息。

9.2.6 算法时间复杂度分析

设在 $\Delta\sigma$ 的区间 $[\alpha,\beta]$ 取离散点数为 N,某个离散点 $\Delta\sigma_i$ 计算点扩散函数模板运算量为 α,因此计算 N 个点扩散函数模板共需运算量为 αN。

设图像尺寸为 $m\times n$,每点与点扩散函数做卷积的运算量为 β,则整个图像与一个点扩散函数做卷积的运算量为 βmn,因此图像与 N 个点扩散函数做卷积获得 N 幅图像的运算量为 βNmn。

由卷积运算获得 N 幅图像与已知同尺寸的图像分别做差运算,所需运算量为 Nmn。

对于图像的每个像素点求其最小值运算量为 $(N-1)$,整幅图像的求最小值的运算量为 $(N-1)mn$。

设一个点按照式(9.20)计算深度的运算量为 γ,因此求所有深度所需运算量为 γmn。

因此这个算法的运算量为 $\alpha N+\beta Nmn+Nmn+(N-1)mn+\gamma mn$,也就是说时间复杂度为 $O(mnN)$。

9.3　实验结果与分析

本节实验包括仿真数据实验与真实数据实验两部分。在算法有效性、精度和效率等性能上，比较所提出的不带有几何约束的 DFD 方法（depth from defocus without geometric constraints，DFD_without_GC）、带有几何约束的最小二乘准则下的 DFD 方法（least squared criterion based depth from defocus with geometric constraints，DFD_LSwGC）和带有几何约束的 I-divergence 准则下的 DFD 方法（I-divergence criterion based depth from defocus with geometric constraints，DFD_IDwGC）。

9.3.1　仿真数据的实验结果与分析

本部分主要利用 DFD_without_GC、DFD_LSwGC 和 DFD_IDwGC 对仿真的阶梯形场景和余弦曲面场景估计，并比较三种方法的运算效率。另外对阶梯形场景中的 21 条深度相同的条带的深度估计结果计算均值和标准差。

在第 1 个仿真数据实验中，阶梯形场景是由 21 条像素尺寸为 21×210 的条带组成。21 个条带均是由同一个随机产生图像构成，这 21 个条带是从上至下，从 650mm 到 850mm 等间隔排列而成。两幅散焦图像是由相机（参数为透镜半径为 35mm 和 F-数为 4）分别对焦在 650mm 和 850mm 而获得。如图 9.4（a）和（b）所示，图 9.4（a）对应对焦在 650mm 而拍摄，因此所获得图像上方较为清晰而下方较为模糊；同理，图 9.4（b）对应对焦在 850mm 而拍摄，因此所获得图像上方较为模糊而下方较为清晰。

估计的阶梯形场景的深度图。图 9.6（a）～（c）表示采用 DFD_without_GC、DFD_LSwGC 和 DFD_IDwGC 估计的阶梯形场景的曲面图。从图 9.5（a）～（c）和图 9.6（a）～（c）可以看出，采用 DFD_LSwGC 和 DFD_IDwGC 的深度估计效果明显好于 DFD_without_GC，这就说明几何约束使得阶梯形场景的深度估计效果提高很多。而 DFD_LSwGC 和 DFD_IDwGC 的深度估计效果相近，而这又说明 I-divergence 准则的引入使得阶梯形场景的深度估计效果相对于几何约束提高得较少，但是要说明的是，I-divergence 准则的引入使得深度估计精度有所提高。

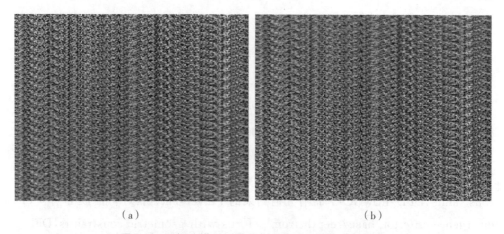

（a）　　　　　　　　　　　　　　（b）

图 9.4　两幅阶梯形场景散焦图像：（a）近焦，（b）远焦

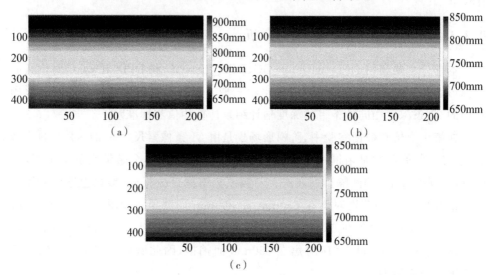

（a）　　　　　　　　　　　（b）

（c）

图 9.5　三种方法阶梯形场景估计深度图：（a）DFD_without_GC,（b）DFD_LSwGC,（c）DFD_IDwGC

　　为了进一步验证 DFD_LSwGC 和 DFD_IDwGC 在估计精度上优于 DFD_without_GC,采用定量分析的形式,在含有 21 个深度信息的阶梯形场景中,对具有同一深度信息的像素进行估计后计算两个统计量（均值和标准差）,第 k 个深度水平的均值 $\bar{d}_k$ 表示为

$$\bar{d}_k = \frac{1}{N(\Omega_k)} \sum_{(i,j) \in \Omega_k} \hat{d}(i,j), k = 1,2,\cdots,21 \tag{9.32}$$

其中:$\hat{d}(i,j)$ 表示 (i,j) 位置的深度估计值;$N(\Omega_k)$ 表示 Ω_k 所包含的样本的数量;$\Omega_k = \{(i,j) | d(i,j) = s_k,(i,j) \in \Omega\}$,其中,$d(i,j)$ 表示 (i,j) 位置的真实深度值;Ω 表示场景坐标集合;s_k 表示第 k 级深度水平。

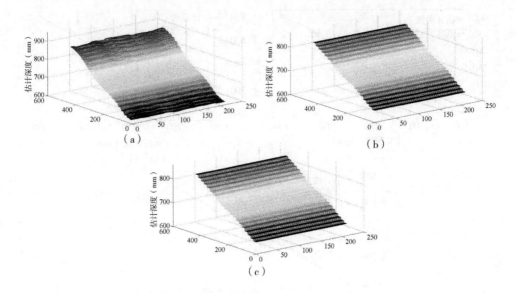

图 9.6 三种方法阶梯形场景估计深度曲面图：(a)DFD_without_GC,(b)DFD_LSwGC,(c)DFD_IDwGC

第 k 个深度水平的标准差 std_k 表示为

$$\mathrm{std}_k = \frac{1}{N(\Omega_k)} \sum_{(i,j)\in\Omega_k} [\hat{d}(i,j) - \bar{d}_k]^2, k = 1,2,\cdots,21 \tag{9.33}$$

图 9.7(a)～(c)分别表示采用 DFD_without_GC、DFD_LSwGC 和 DFD_ID-wGC 所估计的阶梯形场景的深度信息的统计量（均值和标准差），结果表明采用 DFD_LSwGC 和 DFD_IDwGC 的深度估计在精度上明显优于 DFD_without_GC，进一步验证了图 9.5 和图 9.6 所反映出的结果。

在第 2 个仿真数据实验中，余弦曲面图像是由像素尺寸为 257×257 的矩阵随机产生，余弦曲面深度信息产生规则 $\mathrm{depth} = 750 + 10\cos\left(\dfrac{\pi x}{64}\right)$，其深度从 650mm 到 850mm，深度变化只与 x 轴有关，而与 y 轴无关。近焦和远焦的散焦图像是由相机（参数：透镜半径为 35mm 和 F-数为 4）分别对焦在 650mm 和 850mm 而获得。如图 9.8(a)和(b)所示，图 9.8(a)对应对焦在 650mm 而拍摄，因此所获得图像中间位置较为模糊而两侧较为清晰；同理，图 9.8(b)对应对焦在 850mm 而拍摄，因此所获得图像两侧较为模糊而中间较为清晰。图 9.9（a)～(c)表示采用 DFD_without_GC、DFD_LSwGC 和 DFD_IDwGC 估计的余弦曲面的深度图；图 9.10(a)～(c)表示采用 DFD_without_GC、DFD_LSwGC 和 DFD_IDwGC 估计的余弦曲面的曲面图。从图 9.9(a)～(c)和图 9.10(a)～(c)也可以看出，采用 DFD_LSwGC 和 DFD_IDwGC 的深度估计效果明显好于 DFD_without_GC。

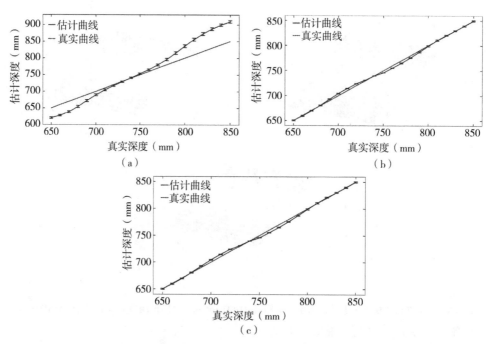

图 9.7　三种方法对阶梯形场景深度估计结果的统计量(均值与标准差)的比较结果：

(a) DFD_without_GC,(b) DFD_LSwGC,(c) DFD_IDwGC

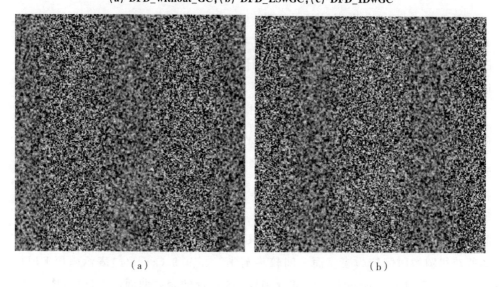

图 9.8　两幅余弦曲面散焦图像：(a)近焦,(b)远焦

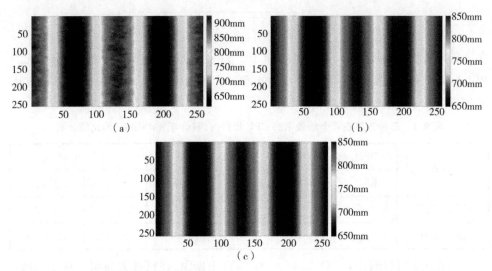

图 9.9 三种方法余弦曲面估计深度图：(a) DFD_without_GC,(b) DFD_LSwGC,(c) DFD_IDwGC

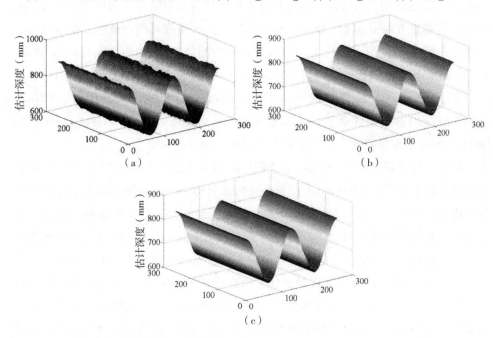

图 9.10 三种方法余弦曲面估计深度曲面图：(a) DFD_without_GC,(b) DFD_LSwGC,(c) DFD_IDwGC

为了进一步分析 DFD_without_GC、DFD_LSwGC 和 DFD_IDwGC 在精度和效率两方面的优劣,采用均方误差平方根(root mean square,RMS)来衡量三种算法的精度,RMS 表示为

$$\text{RMS} = \sqrt{\frac{1}{N(\Omega)} \sum_{(i,j) \in \Omega} \left[\overline{d(i,j)} - d(i,j) \right]^2} \tag{9.34}$$

在运行环境为 Intel(R) Core(TM) i7 CPU 860@2.8GHz,内存为 4G,操作系统为 Windows XP,编程环境为 Matlab 2009b 下,采用 CPU 运行时间来衡量三种方法的运行效率。实验结果如表 9.1 所示。

表 9.1　三种方法在两个场景下的 CPU 运行时间(s)与 RMS(mm)的比较分析

场景	DFD_without_GC		DFD_LSwGC		DFD_IDwGC	
	RMS	时间	RMS	时间	RMS	时间
阶梯形场景	25.211 5	106.542 3	2.115 4	27.517 2	2.115 3	27.748 5
余弦曲面	29.708 1	76.804 6	1.704 2	20.086 4	1.704 1	20.290 4

从表 9.1 可以看出,DFD_LSwGC 和 DFD_IDwGC 在精度方面明显优于 DFD_without_GC,这说明几何约束的引入使得深度估计精度与效果得到极大提高,DFD_IDwGC 在精度方面稍微优于 DFD_LSwGC,I-divergence 准则代替最小二乘准则所起到作用并不明显,但为了理论上的一致性和精度略微改善,采用 I-divergence 准则。在两个场景下,DFD_LSwGC 和 DFD_IDwGC 的 CPU 运行时间明显优于 DFD_without_GC,DFD_IDwGC 的 CPU 运行时间比 DFD_LSwGC 稍慢,主要原因在于 I-divergence 准则的计算复杂性高于最小二乘准则。从表 9.1 可以看出 DFD_LSwGC 和 DFD_IDwGC 在精度和效率两方面都优于 DFD_without_GC。

综合上述分析,DFD_LSwGC 和 DFD_IDwGC 的深度估计在精度和视觉效果方面明显好于 DFD_without_GC。充分说明几何约束的引入使得深度估计精度与效果得到极大提高。虽然 I-divergence 准则代替最小二乘准则所起到的深度估计的视觉效果并不明显,但精度有所提高,从而说明 I-divergence 准则是在散焦图像的图像去模糊与深度估计这类反问题中的一致性选择。另外,从图 9.6 和图 9.10 可以看出,余弦曲面深度去模糊效果优于阶梯形场景。从深度图和深度曲面来看,在图像边缘效果相对于图像内部较差,造成余弦曲面深度去模糊效果优于阶梯形场景的主要原因是余弦曲面的边缘数明显少于阶梯形场景的边缘数。因此,相对于分片光滑曲面(阶梯形场景),带有几何约束的 DFD 方法更适用于连续光滑曲面(余弦曲面)。

9.3.2　带有噪声的仿真数据的实验结果与分析

在本实验部分,对于图 9.4(a)、(b)和图 9.8(a)、(b)的散焦图像分别加上不同噪声水平的高斯噪声(Gaussian noise)、椒盐噪声(salt & pepper)和泊松噪声(poisson noise),用来验证 DFD_without_GC、DFD_LSwGC 和 DFD_IDwGC 的性能。高斯噪声和椒盐噪声水平在 0~0.1 之间。

针对阶梯形场景和余弦曲面,对每个散焦图像加方差分别为 0.01、0.02 和 0.05 水平的高斯噪声,噪声水平为 0.01、0.02 和 0.05 的椒盐噪声和泊松噪声,形成 7 对散焦图像。分别采用 DFD_without_GC、DFD_LSwGC 和 DFD_IDwGC 对加上原有图像的 8 对散焦图像进行深度去模糊,去模糊结果的 RMS 见表 9.2 和表 9.3。

表 9.2　在阶梯形场景加不同噪声水平的高斯噪声、椒盐噪声和泊松噪声性下,DFD_without_ GC,DFD_LSwGC 和 DFD_IDwGC 的深度估计结果的 RMS(mm)的比较分析

	水平	DFD_without_GC	DFD_LSwGC	DFD_IDwGC
无	—	25.211 5	2.115 4	2.115 3
高斯噪声	0.01	23.937	13.222 8	13.330 6
	0.02	24.510	19.605 4	19.761 7
	0.05	24.295	32.902 5	33.802 8
椒盐噪声	0.01	25.526	2.140 8	2.139 3
	0.02	25.674	2.210 1	2.194 0
	0.05	26.207	2.394 2	2.381 3
泊松噪声	—	25.211 5	2.115 4	2.115 3

表 9.3　在余弦曲面加不同噪声水平的高斯噪声、椒盐噪声和泊松噪声性下,DFD_without_GC, DFD_LSwGC 和 DFD_IDwGC 的深度估计结果的 RMS(mm)的比较分析

	水平	DFD_without_GC	DFD_LSwGC	DFD_IDwGC
无	—	29.708 1	1.704 2	1.704 1
高斯噪声	0.01	25.412	22.877 0	23.485 6
	0.02	24.383	22.077 0	23.284 4
	0.05	23.835	22.809 8	23.152 0
椒盐噪声	0.01	64.222	1.923 9	1.912 1
	0.02	64.051	2.209 0	2.184 0
	0.05	63.600	3.398 3	3.385 3
泊松噪声	—	29.708	1.704 2	1.704 1

从表 9.2 和表 9.3 可知,采用带有几何约束的 DFD 方法(DFD_LSwGC 和

DFD_IDwGC)对加椒盐噪声前后的散焦图像的深度去模糊结果的 RMS 变化较小,对加泊松噪声前后的 RMS 不变,而对于加高斯噪声前后的 RMS 变化非常明显。采用带有几何约束的 DFD 方法(DFD_LSwGC 和 DFD_IDwGC)对加有椒盐噪声和泊松噪声的散焦图像的深度去模糊结果的 RMS 明显小于 DFD_without_GC。由此可以推断带有几何约束的 DFD 方法(DFD_LSwGC 和 DFD_IDwGC)对椒盐噪声和泊松噪声不敏感,而对于高斯噪声较为敏感。

DFD_IDwGC 对不加噪声和加有高斯噪声、椒盐噪声和泊松噪声的阶梯形场景的散焦图像在不同深度水平下深度去模糊结果的均值和标准差如图 9.11 所示。从图 9.11 可以看出,DFD_IDwGC 对不加噪声、加有椒盐噪声、泊松噪声的散焦图像深度去模糊结果的均值和标准差几乎不变,对加有高斯噪声的散焦图像的深度去模糊结果,均值和标准差偏离实际值很大。

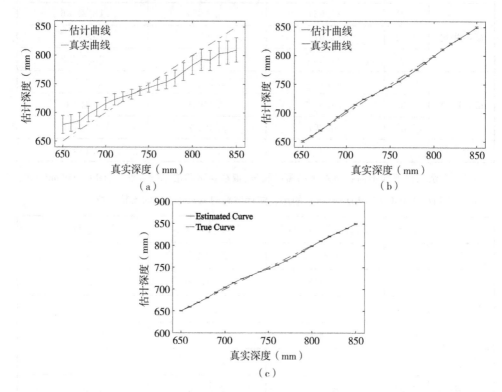

图 9.11 DFD_IDwGC 对加噪声的阶梯形场景的深度估计结果的统计量(均值和方差):

(a)高斯噪声,(b) 椒盐噪声,(c)泊松噪声

DFD_without_GC、DFD_LSwGC 和 DFD_IDwGC 对阶梯形场景的加不同水平的椒盐噪声而形成的散焦图像的深度去模糊结果 RMS 变化曲线如图 9.12 所示,从图 9.12 可以看出,DFD_LSwGC 和 DFD_IDwGC 对不同噪声水平的椒盐噪声的散焦图像去模糊结果的 RMS 变化曲线图变化比较平缓,也就是不同水平的椒盐噪声对 DFD_LSwGC 和 DFD_IDwGC 影响较小。

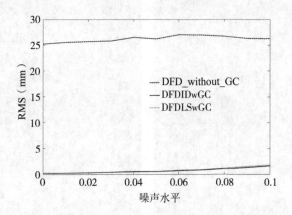

图 9.12　DFD_without_GC,DFD_LSwGC 和 DFD_IDwGC 对加不同水平椒盐噪声下阶梯形场景的深度估计结果的 RMS 的变化曲线

综上分析,带有几何约束的 DFD 方法(DFD_LSwGC 和 DFD_IDwGC)对带有椒盐噪声和泊松噪声不敏感,而对于高斯噪声较为敏感,敏感的主要原因在于散焦图像的生成是由清晰图像与高斯点扩散函数卷积而成。

9.3.3　真实数据的实验结果与分析

本部分主要研究 DFD_without_GC、DFD_LSwGC 和 DFD_IDwGC 对两幅真实散焦图像的深度去模糊结果的比较。三种方法对两组图像的深度去模糊实验之后,都要先后进行窗口为 1×5 和 5×1 的中值滤波。

图 9.13(a) 和(b)分别表示文献[71]中的场景的对焦在近处(530mm)和远处(850mm)而获得像素尺寸为 238×205 的两幅散焦图像,其中所使用的照相机的参数:焦距为 35mm;像圈数为 4;参数 ρ 为 8×10^3。图 9.13 和图 9.14 分别表示 DFD_without_GC、DFD_LSwGC 和 DFD_IDwGC 的深度估计映射图和曲面图结果。从图 9.13 和图 9.14 可以看出,在图像的右下方,DFD_LSwGC 和 DFD_IDwGC 的深度估计结果好于 DFD_without_GC,而 DFD_LSwGC 和 DFD_IDwGC 的深度估计结果几乎一致。

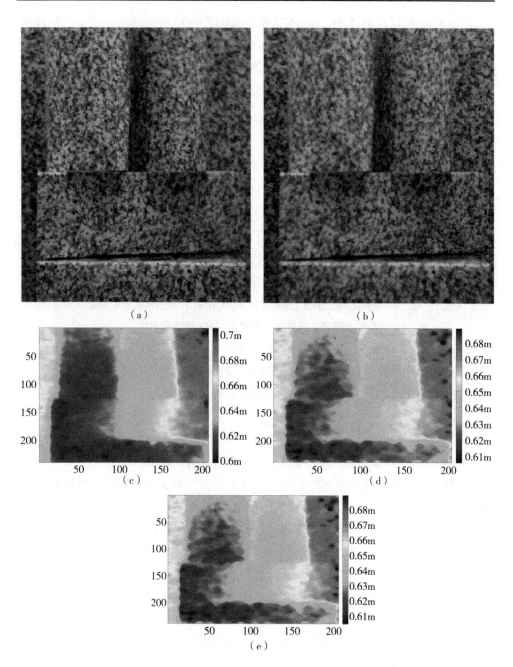

图9.13 真实场景的深度估计结果:(a)近焦,(b)远焦,(c) DFD_without_GC,
(d) DFD_LSwGC,(e)DFD_IDwGC

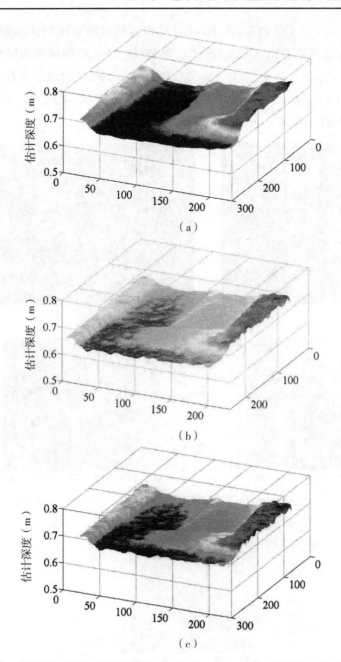

(a)

(b)

(c)

图 9.14　真实场景的深度估计曲面图：(a) DFD_without_GC，(b) DFD_LSwGC，(c) DFD_IDwGC

图 9.15(a) 和 (b) 分别表示文献 [59] 中的场景的对焦在近处（520mm）和远处（850mm）获得像素尺寸为 240×320 的两幅散焦图像，其中所使用的照相机的参数：焦距为 12mm；像圈数为 2；参数 ρ 为 2×10^4。图 9.15 和图 9.16 分别表示 DFD _without_GC、DFD_LSwGC 和 DFD_IDwGC 的深度估计映射图和曲面图结果。从图 9.15 和图 9.16 可以看出,DFD_LSwGC 和 DFD_IDwGC 的深度去模糊结果明显好于 DFD_without_GC,而 DFD_LSwGC 和 DFD_IDwGC 的结果在右上方的圆形的位置不同,DFD_IDwGC 在圆形位置效果好于 DFD_LSwGC。但在边界处 DFD_LSwGC 和 DFD_IDwGC 去模糊效果不好。

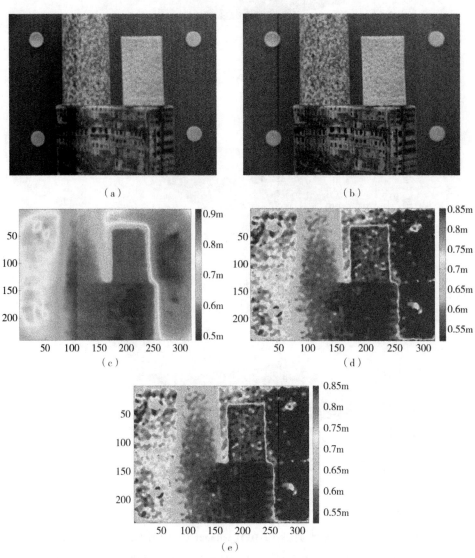

图 9.15　真实场景的深度估计结果:(a)近焦,(b)远焦,(c) DFD_without_GC,
(d) DFD_LSwGC,(e)DFD_IDwGC

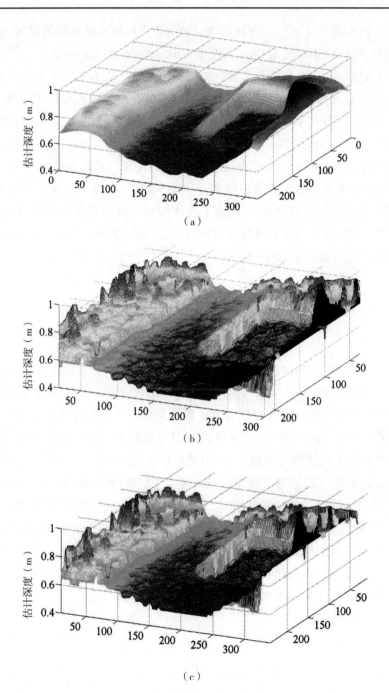

图 9.16　真实场景的深度估计曲面图：

(a) DFD_without_GC,(b) DFD_LSwGC,(c)DFD_IDwGC

在图 9.13 和图 9.15 中,右侧颜色映射表示不同颜色对应不同的深度,从深蓝到浅蓝,最后到深红(由下至上)表示深度信息从 520mm 到 850mm。

本部分实验包含仿真数据和真实数据的实验结果。从不带有噪声的仿真实验可以看出,与分片光滑的曲面(阶梯形场景)相比,带有几何约束的 DFD 方法(DFD_LSwGC 和 DFD_IDwGC)更适用连续光滑曲面(余弦曲面);在运行效率和精度方面,DFD_LSwGC 和 DFD_IDwGC 明显优于 DFD_LSwGC。从带噪声的仿真实验可以看出,带有几何约束的 DFD 方法(DFD_LSwGC 和 DFD_IDwGC)对于带有椒盐噪声和泊松噪声的散焦图像不敏感,而对于带有高斯噪声的散焦图像较为敏感,其主要原因在于散焦图像的生成是由清晰图像与高斯点扩散函数卷积而成。真实实验部分主要包含两组不同的散焦图像,从实验结果可以看出,DFD_LSwGC 和 DFD_IDwGC 明显优于 DFD_LSwGC。

9.4　本章小结

考虑到 DFD 属于解盲卷积问题,本章提出了带有几何约束的正则化方法解决DFD 问题。该方法包含以下四个创新内容:①采用散焦度较大的观测散焦图像与由散焦度较小的观测散焦图像构造的生成散焦图像的差异度作为泛函极值函数,可以避免由于 DFD 需要同时估计深度信息和清晰图像,影响 DFD 算法的效率;②本书根据真实孔径成像几何原理,在不同情况下,推导出一系列关于 PSF 的相对扩散参数的区间约束,有效避免由于较为复杂正则项(如非局部均匀正则项,TV 项等)造成的算法效率较低的不足;③由于 DFD 中所涉及的清晰图像和观测图像,以及 PSF 所涉及的所有变量均为非负,差异性准则选取 I-divergence 准则是唯一的一致性选择,这样能够保证在提高算法效率的同时,提高深度估计的精度;④由于 DFD 问题转化为带有区间约束的优化问题,本书改进了传统的枚举法,使得算法复杂性降低,提高了运算效率。

第 10 章　基于判别学习技术的散焦图像的深度估计方法

10.1　引　言

自从 1987 年 Pentland 首次提出解决 DFD 问题的方法后,众多学者对 DFD 问题进行了广泛的研究,但大多数方法都有局限性。许多方法(如 MRF 方法[164]、确定性方法[154-161,172,173]、基于偏微分方程的 DFD 方法和基于正则化方法的 DFD 方法[165-171])都需要事先指明生成散焦图像的点扩散函数是高斯点扩散函数,还是圆柱形点扩散函数,或者是其他;还有许多方法对成像模型简化,如场景具有清晰边缘[154,175,176],场景近似为三次多项式,场景由结构光控制[177-179],场景具有等焦假设[176]。另外,许多方法(如 MRF 方法[164]和基于正则化方法的 DFD 方法[165,180])在估计深度信息的同时必须估计清晰图像,为了避免估计清晰图像,许多学者采用确定性方法[154-161]和基于两幅散焦图像匹配的正则化方法,无论何种方法都假设散焦图像的生成是由清晰图像与点扩散函数线性卷积而成。因此可以说,上述所有方法都是基于生成模型的 DFD 方法。生成模型的基本思想是根据物理先验知识建立成像模型,再利用模型进行推理预测,生成模型的使用都需做大量假设,而这些假设都是基于无穷样本或尽可能大的样本。

为了不做指明点扩散函数、场景具有清晰边缘、场景具有等焦性等一系列假设,而且只估计深度信息,部分学者将生成模型转化为判别模型解决 DFD 问题[181,182]。判别模型的基本思想是在有限样本条件下建立判别函数,无须考虑样本的产生模型,直接研究预测模型。判别模型比生成模型要简单很多。

Favaro 提出了基于判别学习的 DFD 方法,它采用截断奇异值分解(truncated singular value decomposition,TSVD)方法对每个深度信息收集的散焦图像形成的训练集进行分解,获得对应正交投影算子 $H_s^\perp$,能够使得每个深度信息的训练集作为该对应正交投影算子的零空间的子空间,从而获得判别函数 $\psi(s) = \| H_s^\perp I \|^2$,通

过判别函数,使得对未知深度信息的散焦图像块估计深度信息。然而 TSVD 具有局限性,例如,采用 TSVD 对每个深度信息的训练集分解获得正交投影算子,只考虑这个深度信息的训练样本,并不考虑其他深度信息的训练样本对该深度信息的正交投影算子的影响,这样做极容易使得具有其他深度信息的训练样本成为该深度信息的正交投影算子的零元素。

本书提出基于判别测度学习的 DFD 方法,包含两阶段:判别测度学习阶段和深度估计阶段。为了便于计算,将深度离散化处理,得到可行离散深度信息集合 $S=\{s_1,s_2,\cdots,s_N\}$,DFD 问题就是对场景的每个像素点进行分类,究其属于哪个深度信息,因此 DFD 问题可转化为多分类问题。在判别测度学习阶段,对每个深度,从散焦图像训练集学习线性算子,每个线性算子是通过构造一个新的准则函数的求解而获得。该准则函数在保证每个深度信息的散焦图像训练样本通过该深度信息对应的线性算子作用后投影到范数较小的空间,同时保证在线性算子作用下,相同深度信息的样本越近越好,不同深度信息的样本越远越好。通过子梯度下降法对该准则函数求解,获得 N 个判别函数的 N 个判别测度,继而形成 N 个判别函数。在深度估计阶段,对场景的以每个像素点为中心所形成的散焦图像块,分别计算 N 个判别函数值,最小值所对应的深度信息即为该像素点的深度信息。

基于判别测度学习技术的 DFD 方法,在某一相机参数下获得散焦图像训练集,学习每个深度的判别测度,形成判别函数,那么就可以对在相同的相机参数下所拍摄的场景进行深度估计,无须再做其他的学习。该方法只涉及简单的矩阵运算,另外每个像素点相互独立,具有平行性,因此该方法具有较高的效率。

10.2 节主要介绍需要的预备知识(Hilbert 空间相关理论、矩阵分析的相关理论和 SVD 分解),10.3 节介绍传统 TSVD 学习方法及其不足,10.4 节阐述本书所提出的基于判别测度学习的 DFD 方法,10.5 节阐述了 TSVD 方法和基于判别测度学习的 DFD 方法的真实数据与仿真数据的结果。

10.2　预备知识

10.2.1　Hilbert 空间及其重要算子

10.2.1.1　Hilbert 空间的基本概念

内积空间是一类极为重要的空间,它在数学、物理及信号处理中有着重要而且广泛的应用。内积空间是 Hilbert 空间和 Banach 空间的必要条件[183,184]。

定义 10.1　设 X 是数域 K 上的线性空间,对任意 $x,y \in X$,有一个 K 中的数 $\langle x,y \rangle$ 与之对应,使得对任意 $x,y,z \in X$ 及任意 $\alpha,\beta \in K$,如果满足:

(1)$\langle x,x \rangle \geqslant 0$;当且仅当 $x=0$ 时,有 $\langle x,x \rangle = 0$;

(2)$\langle x,y \rangle = \langle y,x \rangle$;

(3)$\langle \alpha x + \beta y,z \rangle = \alpha \langle x,z \rangle + \beta \langle y,z \rangle$;

则称 $\langle \cdot,\cdot \rangle$ 是 X 上的内积,定义了内积的线性空间 X 称为内积空间。

在内积空间 X 中,可以定义范数

$$\|x\| = \sqrt{\langle x,x \rangle} \tag{10.1}$$

定义度量

$$d(x,y) = \|x-y\| = \sqrt{\langle x-y,x-y \rangle} \tag{10.2}$$

则称此范数是由内积导出的范数,度量是由内积导出的度量。

内积空间按照式(10.1)所定义的范数称为赋范线性空间;内积空间按照式(10.2)定义的度量称为度量线性空间。

定义 10.2　如果一个内积空间是由内积导出的度量,那么该内积空间是完备的度量空间,则称其为 Hilbert 空间。简言之,Hilbert 空间就是完备的内积空间。

Hilbert 空间依照由内积导出的范数称为 Banach 空间。

定理 10.1　在 n 维 Euclid 空间 $\mathbf{R}^n$ 中,对任意 $x=\{x_1,\cdots,x_n\}$ 和 $y=\{y_1,\cdots,y_n\}$,定义内积 $\langle x,y \rangle = \sum_{k=1}^{n} x_k y_k$,则 $\mathbf{R}^n$ 是 Hilbert 空间。

定理 10.2　在 $L^2[a,b]$ 空间中,对任意 $x(t),y(t) \in L^2[a,b]$,定义的内积 $\langle x,y \rangle = \int_a^b x(t) \overline{y(t)} \mathrm{d}t$,则 $L^2[a,b]$ 是 Hilbert 空间。

10.2.1.2　Hilbert 空间上的重要线性算子

定理 10.3　设 H_1 和 H_2 是 Hilbert 空间,A 是 $H_1 \to H_2$ 的有界线性算子,则存在 $H_2 \to H_1$ 的唯一的有界线性算子 A^*,对任意 $x \in H_1$ 及任意 $y \in H_2$,有

$$\langle Ax,y \rangle = \langle x,A^*y \rangle \tag{10.3}$$

成立,并且 $\|A^*\| = \|A\|$。

定义 10.3　设 H_1 和 H_2 是 Hilbert 空间,A 是 $H_1 \to H_2$ 的有界线性算子,又设 A^* 是 $H_2 \to H_1$ 的有界线性算子,对任意 $x \in H_1$ 及任意 $y \in H_2$,有式(10.3)成立,则称 A^* 是 A 的伴随算子或共轭算子。

定理 10.4　设 H 属于 $L^2[a,b]$,对任意 $x(s) \in L^2[a,b]$,A 是 Fredholm 型积

分算子：

$$Ax(t) = \int_a^b K(t,s)x(s)\mathrm{d}s$$

其中，积分算子 A 的核 $K(t,s)$ 是矩形 $[a,b] \times [a,b]$ 上可测函数，而且 $|K(t,s)|^2$ 在 $[a,b] \times [a,b]$ 上可积。A 是 $L^2[a,b]$ 上的有界线性算子。

对任意 $x(s) \in L^2[a,b]$，定义算子 A^* 为

$$A^*x(t) = \int_a^b \overline{K(t,s)}x(s)\mathrm{d}s$$

由于 $\overline{K(t,s)}$ 在 $[a,b] \times [a,b]$ 上是可测函数，而且绝对值平方可积，因此 A^* 是有界线性算子且是 A 的伴随算子。

定义 10.4 设 H_1 和 H_2 是 Hilbert 空间，U 是 $H_1 \to H_2$ 的线性算子，并且是双射，如果对任意 $x, y \in H_1$，有

$$\langle Ux, Uy \rangle = \langle x, y \rangle \tag{10.4}$$

则称 U 是酉算子。

定理 10.5 设 H 是 Hilbert 空间，U 是 $H \to H$ 的线性算子，并且是双射，则 U 是酉算子的充要条件是 $U^*U = UU^* = I$（I 是单位算子）。

由该定理可以得到酉算子和逆算子的关系：$U^* = U^{-1}$。

定义 10.5 设 X 是线性空间，P 是 $X \to X$ 的线性算子，如果 $P^2 = P$，则称 P 是投影算子。

定理 10.6 设 X 是线性空间，L 和 M 是 X 的线性子空间。如果

(1) $P: X \to X$ 是投影算子，则有 $X = R(P) \oplus N(P)$；

(2) $X = L \oplus M$，则存在投影算子 $P: X \to X$，并且 $R(P) = L, N(P) = M$。

定义 10.6 设 H 是 Hilbert 空间，L 是 H 的闭线性子空间，P 是 $H \to H$ 的线性算子，如果对任意 $x \in H$，P_x 是 x 在 L 上的正交投影，则称 P 是正交投影算子。

定理 10.7 设 H 是 Hilbert 空间，L 是 H 的闭线性子空间，P 是 H 到 L 的正交投影算子。则

(1) 正交投影算子 P 必定是有界线性算子；

(2) 正交投影算子 P 的范数或是 0，或是 1；

(3) $L = \{x \mid P_x = x, x \in H\}$。

定理 10.8 设 H 是 Hilbert 空间，P 是 $H \to H$ 的线性算子，则 P 成为正交投影算子的充要条件是 $P = P^*$，且 $P^2 = P$。

10.2.2 矩阵分析相关理论

由于本章只涉及数量函数对矩阵变量的导数内容，故而只介绍本部分相关概

念与定理[137]。

定义 10.7　设 $f(\boldsymbol{X})$ 是以矩阵 $\boldsymbol{X} = (x_{ij})_{m \times n}$ 为变量的 mn 元函数,并且 $\dfrac{\partial f}{\partial x_{ij}}$

$(i = 1, 2, \cdots, m; j = 1, 2, \cdots, n)$ 都存在,定义 f 对矩阵变量 $\boldsymbol{X}$ 的导数 $\dfrac{\mathrm{d} f}{\mathrm{d} \boldsymbol{X}}$ 为

$$\frac{\mathrm{d} f}{\mathrm{d} \boldsymbol{X}} = \left[\frac{\partial f}{\partial x_{ij}} \right]_{m \times n} = \begin{bmatrix} \dfrac{\partial f}{\partial x_{11}} & \cdots & \dfrac{\partial f}{\partial x_{1n}} \\ \vdots & & \vdots \\ \dfrac{\partial f}{\partial x_{m1}} & \cdots & \dfrac{\partial f}{\partial x_{mn}} \end{bmatrix} \tag{10.5}$$

即数量函数 $f(\boldsymbol{X})$ 对矩阵 $\boldsymbol{X}$ 求导,得到的是与 $\boldsymbol{X}$ 同型的矩阵,其元素为 f 对 $\boldsymbol{X}$ 相应元素的偏导数。

作为特殊情况,若 $\boldsymbol{X}$ 为列向量 $\boldsymbol{X} = (x_1, x_2, \cdots, x_n)^{\mathrm{T}}$,则有

$$\frac{\mathrm{d} f}{\mathrm{d} \boldsymbol{X}} = \left(\frac{\partial f}{\partial x_1}, \frac{\partial f}{\partial x_2}, \cdots, \frac{\partial f}{\partial x_n} \right)^{\mathrm{T}} \tag{10.6}$$

称为数量函数 f 对向量变量的导数。

定理 10.9　设 $\boldsymbol{A} = (a_{ij})_{m \times n}$ 为常数矩阵,$\boldsymbol{X} = (x_{ij})_{n \times m}$ 是矩阵变量,$f(\boldsymbol{X}) = \mathrm{tr}(\boldsymbol{A X})$,则 $\dfrac{\mathrm{d} f}{\mathrm{d} \boldsymbol{X}} = \boldsymbol{X}^{\mathrm{T}}$。特别当 $\boldsymbol{X} \in \mathbf{R}^{n \times n}$,取 $\boldsymbol{A} = \boldsymbol{I}_n$ 时 $\dfrac{\mathrm{d}}{\mathrm{d} \boldsymbol{X}}(\mathrm{tr} \boldsymbol{X}) = \boldsymbol{I}_n$。

定理 10.10　设 $\boldsymbol{x} = (x_1, \cdots, x_n)^{\mathrm{T}}$,$f(\boldsymbol{x}) = \boldsymbol{x}^{\mathrm{T}} \boldsymbol{x}$,则 $\dfrac{\mathrm{d} f}{\mathrm{d} \boldsymbol{x}} = 2\boldsymbol{x}$,$\dfrac{\mathrm{d} f}{\mathrm{d} \boldsymbol{x}^{\mathrm{T}}} = 2\boldsymbol{x}^{\mathrm{T}}$。

定理 10.11　设 $\boldsymbol{A} = (a_{ij})_{n \times n}$ 是常数矩阵,$\boldsymbol{x} = (x_1, \cdots, x_n)^{\mathrm{T}}$ 是向量变量,$f(\boldsymbol{x}) = \boldsymbol{x}^{\mathrm{T}} \boldsymbol{A} \boldsymbol{x}$,则 $\dfrac{\mathrm{d} f}{\mathrm{d} \boldsymbol{x}} = (\boldsymbol{A}^{\mathrm{T}} + \boldsymbol{A}) \boldsymbol{x}$,特别当 $\boldsymbol{A}$ 为实对称矩阵 $(\boldsymbol{A}^{\mathrm{T}} = \boldsymbol{A})$ 时,此时有 $\dfrac{\mathrm{d} f}{\mathrm{d} \boldsymbol{x}} = 2\boldsymbol{A} \boldsymbol{x}$。

定理 10.12　设 $\boldsymbol{A} = (a_{ij})_{n \times n} \in \mathbf{C}^{n \times n}$,$\boldsymbol{x} = (x_1, \cdots, x_n)^{\mathrm{T}} \in \mathbf{C}^n$,$f(\boldsymbol{x}) = \boldsymbol{x}^{\mathrm{H}} \boldsymbol{A} \boldsymbol{x}$,则 $\dfrac{\mathrm{d} f}{\mathrm{d} \boldsymbol{x}}$

$= (\boldsymbol{A}^{\mathrm{H}} + \boldsymbol{A}) \boldsymbol{x}$,特别当 $\boldsymbol{A}$ 为 Hermite 矩阵时,$\dfrac{\mathrm{d} f}{\mathrm{d} \boldsymbol{x}} = 2\boldsymbol{A} \boldsymbol{x}$。

10.2.3　矩阵的奇异值分解

矩阵的奇异值分解是计算矩阵的重要手段。在介绍奇异值概念之前,先介绍两个引理。

引理 10.1　设 $\boldsymbol{A} \in \mathbf{C}^{m \times n}$,则 $\mathrm{rank}(\boldsymbol{A}^{\mathrm{H}} \boldsymbol{A}) = \mathrm{rank}(\boldsymbol{A} \boldsymbol{A}^{\mathrm{H}}) = \mathrm{rank} \boldsymbol{A}$。

引理 10.2　设 $\boldsymbol{A} \in \mathbf{C}^{m \times n}$,则

(1) $\boldsymbol{A}^{\mathrm{H}} \boldsymbol{A}$ 与 $\boldsymbol{A}^{\mathrm{H}}$ 的特征值均为非负实数;

(2)$A^H A$ 与 AA^H 的非零特征值相同,且非零特征值的个数等于 rank$A$。

定义 10.8 设 $A \in C^{m \times n}$,$A^H A$ 的特征值为 $\lambda_1 \geqslant \lambda_2 \geqslant \cdots \geqslant \lambda_r > \lambda_{r+1} = \cdots = \lambda_n = 0$ 则称 $\sigma_i = \sqrt{\lambda_i} (i=1,2,\cdots,n)$ 为 A 的奇异值,称 $\sigma_i (i=1,2,\cdots,r)$ 为 A 的正奇异值,其中 $r = \text{rank} A$。

定义 10.9 设 $A,B \in C^{m \times n}$,若存在 m 阶酉矩阵 U 和 n 阶酉矩阵 V,使 $U^H AV = B$,则称 A 与 B 酉相抵。

定理 10.13 酉相抵矩阵有相同的奇异值。

定理 10.14 设 $A \in C_r^{m \times n}$,则存在 m 阶酉矩阵 U 和 n 阶酉矩阵 V,使得

$$U^H AV = \begin{bmatrix} \boldsymbol{\Sigma} & 0 \\ 0 & 0 \end{bmatrix}$$

其中:$\boldsymbol{\Sigma} = \text{diag}(\sigma_1, \sigma_2, \cdots, \sigma_r)$,而 $\sigma_i (i=1,2,\cdots,r)$ 为 A 的正奇异值,称

$$A = U \begin{bmatrix} \boldsymbol{\Sigma} & 0 \\ 0 & 0 \end{bmatrix} V^H$$

为 A 的奇异值分解。

证明:由 $A \in C_r^{m \times n}$,故 $A^H A \in C_r^{n \times n}$ 且为 Hermite 矩阵,设其特征值为 $\lambda_1, \cdots, \lambda_n$,因此有

$$\sigma_i = \sqrt{\lambda_i}, i=1,\cdots,r$$

存在 n 阶酉矩阵 V,使得

$$V^H A^H AV = \text{diag}(\lambda_1, \lambda_2, \cdots, \lambda_n) = \begin{bmatrix} \boldsymbol{\Sigma}^2 & 0 \\ 0 & 0 \end{bmatrix}$$

记 $V = (V_1, V_2)$,其中

$$V_1 \in C^{n \times r}, V_2 \in C^{n \times (n-r)}$$

代入上式得

$$V_1^H A^H AV_1 = \boldsymbol{\Sigma}^2, V_2^H A^H AV_2 = 0$$

于是

$$\boldsymbol{\Sigma}^{-1} V_1^H A^H AV_1 \boldsymbol{\Sigma}^{-1} = I_r, V_2^H A^H AV_2 = 0$$

可得 $AV_2 = 0$,令 $U_1 = AV_1 \Sigma^{-1}$。

则 $U_1^H U_1 = I_r$,说明 U_1 为次酉矩阵,它的 r 个列向量是两两正交的单位向量,取 $U_2 \in C^{m \times (m-r)}$,使 $U = (U_1, U_2)$ 为 m 阶酉矩阵,即

$$U_2^H U_1 = 0, U_2^H U_2 = I_{m-r}$$

再注意到 $AV_1 = U_1 \boldsymbol{\Sigma}, AV_2 = 0$,最后有

$$\boldsymbol{U}^{\mathrm{H}}\boldsymbol{A}\boldsymbol{V} = \begin{bmatrix} \boldsymbol{U}_1^{\mathrm{H}} \\ \boldsymbol{U}_2^{\mathrm{H}} \end{bmatrix} \boldsymbol{A}(\boldsymbol{V}_1,\boldsymbol{V}_2) = \begin{bmatrix} \boldsymbol{U}_1^{\mathrm{H}}\boldsymbol{A}\boldsymbol{V}_1 & \boldsymbol{U}_1^{\mathrm{H}}\boldsymbol{A}\boldsymbol{V}_2 \\ \boldsymbol{U}_2^{\mathrm{H}}\boldsymbol{A}\boldsymbol{V}_1 & \boldsymbol{U}_2^{\mathrm{H}}\boldsymbol{A}\boldsymbol{V}_2 \end{bmatrix}$$

$$= \begin{bmatrix} \boldsymbol{U}_1^{\mathrm{H}}(\boldsymbol{U}_1\boldsymbol{\Sigma}) & 0 \\ \boldsymbol{U}_2^{\mathrm{H}}(\boldsymbol{U}_1\boldsymbol{\Sigma}) & 0 \end{bmatrix} = \begin{bmatrix} \boldsymbol{\Sigma} & 0 \\ 0 & 0 \end{bmatrix}$$

推论 10.1 设 $\boldsymbol{A} \in \mathbf{C}_n^{n\times n}$，则存在 n 阶酉矩阵 $\boldsymbol{U}$ 和 $\boldsymbol{V}$，使得

$$\boldsymbol{U}^{\mathrm{H}}\boldsymbol{A}\boldsymbol{V} = \mathrm{diag}(\sigma_1,\sigma_2,\cdots,\sigma_n)$$

其中：$\sigma_i > 0(i=1,2,\cdots,n)$ 为 $\boldsymbol{A}$ 的 n 个正奇异值。

10.3　传统判别学习方法

10.3.1　Hilbert 空间下 DFD 问题描述

为了使 TSVD 方法与基于判别测度学习的 DFD 方法（depth from defocus based on discriminative metric learning，DFD_DML）在表达上具有一致性，需要重写散焦图像的生成过程。用函数 $s: \mathbb{R}^2 \to [0,+\infty)$ 表示场景的深度信息；用函数 $r: \mathbb{R}^2 \to [0,+\infty)$ 表示场景的清晰图像；用函数 $\boldsymbol{I}: \Gamma \to [0,+\infty)$ 表示场景的散焦图像，其中 $\Gamma = \mathbb{R}^M \times \mathbb{R}^N$；用函数 $h^s: \mathbb{R}^2 \times \Gamma \to [0,\infty)$ 表示成像的 PSF，h^s 取决于相机参数和深度信息。

在 DFD 问题中，由于需要两幅散焦图像，因此用 $\boldsymbol{I}_i$ 表示第 i 幅散焦图像，用 h_i^s 表示第 i 幅散焦图像所对应的 PSF，则第 i 幅散焦图像 $\boldsymbol{I}_i$ 是由点扩散函数（线性算子）h_i^s 作用在清晰图像 r 而成（即卷积），可表示为

$$\boldsymbol{I}_i(y) = \int h_i^s(x,y)r(x)\mathrm{d}x, i = 1,2 \tag{10.7}$$

DFD 问题是从观测的散焦图像估计深度信息和清晰图像，即找到合适的深度和清晰图像，满足式（10.7），这个过程为典型的病态逆问题，通过求解合适的准则函数达到求解深度信息和清晰图像的目的，在此选取最小二乘准则函数，表示如下：

$$\hat{s},\hat{r} = \arg\min_{s,r} \sum_{i=1}^{2} \left\| \boldsymbol{I}_i(y) - \int h_i^s(x,y)r(x)\mathrm{d}x \right\|^2 \tag{10.8}$$

为了更简化地表达，将每幅尺寸为 $M\times N$ 的散焦图像 $\boldsymbol{I}_i$ 以 MN 维列向量形式重排，那么在不同相机参数下拍摄的两幅散焦图像，按照首尾相接形式排列成新的形式 $\boldsymbol{I}=[\boldsymbol{I}_1,\boldsymbol{I}_2]\in\mathbb{R}^P, P=2MN$，点扩散函数 $h^s=[h_1^s,h_2^s]$，式（10.8）可以写成

$$I(y) = \int h^s(x,y) r(x) \mathrm{d}x \qquad (10.9)$$

需要指出的是 $I(y) \in \mathbb{R}^P$，其中 $\mathbb{R}^P$ 是有限维 Hilbert 空间，$r(x) \in L^2(\mathbb{R}^2)$ 是无限维 Hilbert 空间。在 Hilbert 空间 $\mathbb{R}^P$ 的内积 $\langle\langle \cdot , \cdot \rangle\rangle : \mathbb{R}^P \times \mathbb{R}^P \mapsto [0, +\infty)$ 表示为

$$(V, W) \mapsto \langle\langle V, W \rangle\rangle \doteq \sum_{i=1}^{P} V_i W_i \qquad (10.10)$$

在 Hilbert 空间 $L^2(\mathbb{R}^2)$ 的内积 $\langle \cdot , \cdot \rangle : L^2(\mathbb{R}^2) \times L^2(\mathbb{R}^2) \mapsto [0, +\infty)$ 表示为

$$(f, g) \mapsto \langle f, g \rangle \doteq \int f(x) g(x) \mathrm{d}x \qquad (10.11)$$

综上所述，利用相机拍摄场景的散焦图像就是从清晰图像 r 到散焦图像 I 的变换过程，也就是从无限维 Hilbert 空间到有限维 Hilbert 空间的变换，即 $H_s : L^2(\mathbb{R}^2) \mapsto \mathbb{R}^P$，满足 $H_s r = \langle h^s(\cdot, y), r \rangle$，按照算子形式重写式(10.9)和式(10.8)如下：

$$I(y) = (H_s r)(y) \qquad (10.12)$$

和

$$\hat{s}, \hat{r} = \arg \min_{s, r} \| I - H_s r \|^2 \qquad (10.13)$$

10.3.2　TSVD 测度学习方法

在阐述 TSVD 测度学习方法之前，按照前面的表达形式，重写在 10.2.1.2 节中介绍的伴随算子、逆算子、正交投影算子，并给出与式(10.13)等价的命题及其证明。

设 $H_s : L^2(\mathbb{R}^2) \mapsto \mathbb{R}^P$ 是线性有界算子，则存在唯一伴随算子 $H_s^* : \mathbb{R}^P \mapsto L^2(\mathbb{R}^2)$，即 $I \mapsto H_s^* I \doteq \langle\langle h^s(x, \cdot), I \rangle\rangle$，且满足

$$\langle\langle H_s r, I \rangle\rangle = \langle r, H_s^* I \rangle \qquad (10.14)$$

H_s 的广义逆算子 $H_s^\dagger : \mathbb{R}^P \mapsto L^2(\mathbb{R}^2)$ 满足 $\hat{r} = H_s^\dagger I$，$\hat{r}$ 使得下式

$$H_s^*(H_s \hat{r}) = H_s^* I \qquad (10.15)$$

成立。

H_s 的正交投影算子 $H_s^\perp : \mathbb{R}^P \mapsto \mathbb{R}^P$ 满足下式：

$$I \mapsto H_s^\perp I \doteq I - H_s H_s^\dagger I I \qquad (10.16)$$

线性有界算子及其伴随算子、逆算子、正交投影算子的定义域、值域及其功能如表 10.1 所示。

为了避免同时求解清晰图像 $\hat{r}$，在文献[71]中给出了与式(10.13)等价的命题，并给出了证明。

定理 10.15　设 $\hat{s}, \hat{r}$ 是函数

$$\varphi(s,r) \doteq \|I - H_s r\|^2 \tag{10.17}$$

的极小值,$\tilde{s}$ 是函数

$$\psi(s) \doteq \|H_s^\perp I\|^2 \tag{10.18}$$

的极小值,并且 $\tilde{r}$ 是由函数 $\tilde{r} = \chi(\tilde{s})$ 求得,其中,函数 $\chi(s)$ 可表示为

$$\chi(s) \doteq H_s^\dagger I \tag{10.19}$$

则 $\hat{s}$ 也是函数 $\psi(s)$ 的极小值,$\tilde{s},\tilde{r}$ 也是 $\varphi(s,r)$ 的极小值。

表 10.1　几种算子的定义域、值域及其功能的汇总表

算子	定义域	值域	功能
H	$L^2(\mathbb{R}^2)$	$\mathbb{R}^P$	模糊
H^*	$\mathbb{R}^P$	$L^2(\mathbb{R}^2)$	模糊
$H^\dagger$	$\mathbb{R}^P$	$L^2(\mathbb{R}^2)$	清晰
$H^\perp$	$\mathbb{R}^P$	$\mathbb{R}^P$	将 I 投影到零空间

为了便于计算,认为场景的深度信息是离散的,深度信息集合 $S = \{s_1, s_2, \cdots, s_N\}$,从定理 10.15 知,对于某个深度 s_i 都有 $H_{s_i}^\perp$,给定散焦图像 I,计算下式:

$$s^* = \arg\min_{s \in S} \|H_s^\perp I\|^2 \tag{10.20}$$

则认为散焦图像 I 的深度信息为 s^*。

接下来的问题是如何求每个深度对应的正交投影算子,某一深度 s 的散焦图像 I 是由 H_s 作用在清晰图像 r 而获得,即 $I = H_s r$,两边同时乘以正交投影算子 $H_s^\perp$ 得

$$H_s^\perp I = H_s^\perp H_s r = 0 \tag{10.21}$$

若对于不同的场景集合 $r = \{r_1, r_2, \cdots, r_T\}$,每个场景都拍摄两幅散焦图像形成散焦图像集合 $I = [I_1, I_2, \cdots, I_T] \in \mathbb{R}^{P \times T}$,将式(10.21)推广得

$$H_s^\perp [I_1, I_2, \cdots, I_T] = 0 \tag{10.22}$$

因此,可以通过对散焦图像集合 I 进行 TSVD 而获得,具体步骤如下:

Step1:选取某一深度信息 s,拍摄或合成散焦图像集合 $I = [I_1, I_2, \cdots, I_T] \in \mathbb{R}^{P \times T}$;

Step2:采用 SVD 对 I 分解,得 $I = UBW^\mathrm{T}$;

Step3:确定 I 的秩(这里的秩对特征值较小部分截断);

Step4:采用 SVD 对 I 分解得 $U = [U_1 U_2]$,其中 U_1 为 U 的前 q 列,U_2 为 U 的其余列,从而获得 $H_s^\perp = U_2 U_2^\mathrm{T}$。

10.4　基于判别测度学习的 DFD 方法

10.4.1　TSVD 方法的不足

在文献［71］中 Favaro 提出了定理 10.15，说明 $\psi(s) = \|H_s^\perp I\|^2$ 与函数 $\varphi(s,r) \doteq \|I - H_s r\|^2$ 具有相同极值，也就是将函数 $\varphi(s,r) \doteq \|I - H_s r\|^2$ 的两变量极值问题转化为单变量极值问题，有效避免求解清晰图像 r。对于每个深度对应的正交投影算子，采用 TSVD 对各深度水平采集的样本集进行分解，获取各深度水平的正交投影算子 $H_s^\perp$。对于任意给定散焦图像样本 I，按照式（10.18）计算各深度水平所对应 $\|H_s^\perp I\|$ 值，则该散焦图像样本 I 的深度信息为 $s^* = \underset{s \in S}{\arg\min} \|H_s^\perp I\|^2$。

但 TSVD 方法有两个局限性：

（1）对于在深度水平 $\hat{s}$ 的散焦图像样本 $I_{\hat{s}}$，$\|H_{\hat{s}}^\perp I_{\hat{s}}\|^2$ 值较小，但对于在深度水平 $\hat{s}$ 的样本 $I_{\hat{s}}$，并不能保证 $\|H_{\hat{s}}^\perp I_{\hat{s}}\|^2 < \|H_{\hat{s}}^\perp I_{\hat{s}}\|^2$，导致 $I_{\hat{s}}$ 错误地估计为 $\hat{s}$；

（2）由于正交投影算子所满足的 $H_s^\perp = (H_s^\perp)^{\mathrm{T}}$ 和 $H_s^\perp = (H_s^\perp)^2$，导致优化算法复杂度的提高[138]。

针对 TSVD 方法的局限性，本书在下节给出解决方案。

10.4.2　判别函数的设计

针对 TSVD 方法的局限性（2）中提到的正交投影算子 $H_s^\perp$ 运算的复杂性，本书考虑正交投影算子属于线性有界算子，因此放松 $H_s^\perp$ 的限制条件，将其看作线性有界算子。对于可行深度信息集合 $S = \{s_1, s_2, \cdots, s_N\}$，为了保证表达的简洁性，将第 s_i 深度对应的线性有界算子记为 L_i，则式（10.18）作为 N 类问题的判别函数表示为

$$g_i(I) = \|L_i I\|^2 = I^{\mathrm{T}} M_i I, \quad i = 1, 2, \cdots, N \tag{10.23}$$

其中：$M_i = L_i^{\mathrm{T}} L_i$，由于 L_i 和 M_i 出现在判别函数中，因此分别称为判别测度和马氏判别测度。

为了学习判别测度 $L = \{L_1, L_2, \cdots, L_N\}$ 和马氏判别测度 $M = \{M_1, M_2, \cdots, M_N\}$，需设计准则函数。在分析与设计准则函数之前，首先介绍要用到的符号约定。

设 N 个深度水平，每个深度有 T 幅散焦图像组成样本集合表示为

$$I = \{I_{ij} \mid i = 1, 2, \cdots, N; j = 1, 2, \cdots, T\} \tag{10.24}$$

其中：I_{ij} 表示第 s_i 深度水平第 j 幅散焦图像的训练样本。

对样本集 I 做一系列的线性变换 $I \rightarrow (L_1, L_2, \cdots, L_N)I$，使得训练样本集 I 扩展为新的样本空间 I'：

$$I' = (L_1, L_2, \cdots, L_N)I = \{I_{ij}^k \mid I_{ij}^k = L_k I_{ij}, i,k = 1,2,\cdots,N; j = 1,2,\cdots,T\}$$
(10.25)

其中，I_{ij}^k 表示 L_k 作用在 I_{ij} 而获得结果，样本空间 I 和扩展后样本空间 I' 的维数分别为 NT 和 N^2T。从式(10.25)可以看出，每个样本 I_{ij} 在经过一系列线性变换 $L = \{L_1, L_2, \cdots, L_N\}$ 后可获得 N 个新样本，形成 I' 的一个子空间 I_{ij}：

$$I_{ij} = \{I_{ij}^k \mid k = 1,2,\cdots,N\}$$
(10.26)

因此，扩展空间 I' 可以由 NT 个子空间组成：

$$I' = \bigcup_{i,j} I_{ij} = \bigcup_{i,j} \{I_{ij}^k \mid k = 1,2,\cdots,N\}$$
(10.27)

在任意子空间集合 I_{ij} 中，样本 I_{ij}^i 和 $I_{ij}^k (k \neq i)$ 分别表示线性变换 L_i 和 L_k 作用在 I_{ij} 而获得的结果。I_{ij}^i 表示第 s_i 深度水平的线性算子作用在第 s_i 深度水平的样本 I_{ij} 的结果，因为同属于同一深度水平，称之为组内样本；$I_{ij}^k (k \neq i)$ 表示第 s_k 深度水平的线性算子作用在第 s_i 深度水平的样本 I_{ij} 的结果，因为不在同一深度水平，称之为组间样本。

针对 TSVD 方法的局限性①，设计准则函数要满足两点：

① $\|L_i I_i\|^2$ 值越小越好；

②对于第 s_i 深度信息样本 I_i，各深度水平判别测度 $L = \{L_1, L_2, \cdots, L_N\}$，都有 $\|L_i I_i\|^2 < \|L_j I_i\|^2 (j \neq i)$。

上述两点指出准则函数既考虑组内距离又考虑组间距离，为了更好地学习判别测度，引入文献[139]的大边界思想，将 $\|L_i I_i\|^2 < \|L_j I_i\|^2 (j \neq i)$ 变为

$$\|L_i I_i\|^2 + 1 < \|L_j I_i\|^2 \quad (j \neq i)$$
(10.28)

为了满足上述两点，准则函数由两部分组成。为了保证①成立，每个样本在同一深度的判别测度作用后范数越来越小，也就是说在判别测度的作用下，同一深度的样本越来越向中心集中，而不同深度的样本远离中心，准则函数第一部分可以写成：

$$\varepsilon_{\text{pull}}(L) = \sum_{i,j} \|L_i I_{ij}\|^2$$
(10.29)

准则函数第二部分主要起到阻止组间样本进入由组内样本形成的区域内，对进入区域内的组间样本加以惩罚，则第二部分可以写成：

$$\varepsilon_{\text{push}}(L) = \sum_{i,j,k} (1 - y_{ik})[1 + \|L_i I_{ij}\|^2 - \|L_k I_{ij}\|^2]_+$$
(10.30)

合并式(10.29)和式(10.30)得到准则函数：

$$\varepsilon(\boldsymbol{L}) = (1-\mu)\varepsilon_{\text{pull}}(\boldsymbol{L}) + \mu\varepsilon_{\text{push}}(\boldsymbol{L}) \tag{10.31}$$

如图 10.1 所示，在学习前，训练空间区域既包含组内样本又包含组间样本；在学习中，组内样本向中心移动，而组间样本被推向边界外；学习后，组间样本和组内样本间形成为单位宽度的边界。

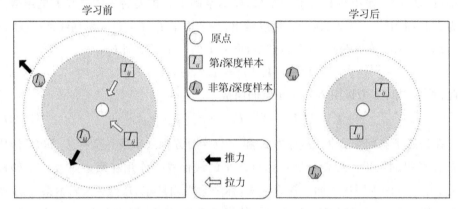

图 10.1 组内和组间样本在判别测度学习前后的示意图

重写式(10.31)，准则函数表示为

$$\varepsilon(\boldsymbol{L}) = (1-\mu)\sum_{i,j}\|\boldsymbol{L}_i\boldsymbol{I}_{ij}\|^2 + \mu\sum_{i,j,k}(1-y_{ik})(1+\|\boldsymbol{L}_i\boldsymbol{I}_{ij}\|^2 - \|\boldsymbol{L}_k\boldsymbol{I}_{ij}\|^2)$$

$$\tag{10.32}$$

其中：$[z]_+ = \max(z,0)$，$y_{ik} = \begin{cases} 1, & i=k \\ 0, & i\neq k \end{cases}$，$\mu$ 为平衡组内距离和组间距离的参数。

为了简化准则函数计算，利用马氏判别测度表示准则函数，可以写成

$$\varepsilon(M) = (1-\mu)\sum_{i,j}\boldsymbol{I}_{ij}^{\mathrm{T}}M_i\boldsymbol{I}_{ij} + \mu\sum_{i,j,k}(1-y_{ik})(1+\boldsymbol{I}_{ij}^{\mathrm{T}}M_i\boldsymbol{I}_{ij} - \boldsymbol{I}_{ij}^{\mathrm{T}}M_k\boldsymbol{I}_{ij})_+$$

$$\tag{10.33}$$

利用较为成熟的半正定规划算法，将式(10.33)转化为半正定规划问题，如下：

$$\text{Min}(1-\mu)\sum_{i,j}\boldsymbol{I}_{ij}^{\mathrm{T}}M_i\boldsymbol{I}_{ij} + \mu\sum_{i,j,k}(1-y_{ik})\xi_{ijk}$$

s. t.

$$\begin{cases} \boldsymbol{I}_{ij}^{\mathrm{T}}M_k\boldsymbol{I}_{ij} - \boldsymbol{I}_{ij}^{\mathrm{T}}M_i\boldsymbol{I}_{ij} \geqslant 1 - \xi_{ijk} \\ \xi_{ijk} \geqslant 0 \\ M_i \geqslant 0 \end{cases} \tag{10.34}$$

10.4.3　投影子梯度下降法

本书采用文献[187]中的投影子梯度下降法(projection sub-gradient descent，PSGD)对半正定规划式(10.34)求解。投影子梯度下降法思想是指 M 沿 $\varepsilon(M)$ 梯度方向迭代，使得 $\varepsilon(M)$ 逐渐减少，在每次迭代后要将迭代结果投影到半正定锥，保证马氏判别测度的半正定性，直到迭代步长小于某阈值。在整个算法中最重要的核心内容就是 $\varepsilon(M)$ 梯度的计算和投影半正定锥的变换。

第 t 次迭代的马氏判别测度记为 $\boldsymbol{M}^t = \{\boldsymbol{M}_1^t, \boldsymbol{M}_2^t, \cdots, \boldsymbol{M}_N^t\}$，按照 $\boldsymbol{M}^t$ 重写式(10.33)为

$$\varepsilon(\boldsymbol{M}^t) = (1-\mu)\sum_{i,j}\boldsymbol{I}_{ij}^{\mathrm{T}}\boldsymbol{M}_i^t\boldsymbol{I}_{ij} + \mu\sum_{i,j,k}(1-y_{ik})[1 + \boldsymbol{I}_{ij}^{\mathrm{T}}\boldsymbol{M}_i^t\boldsymbol{I}_{ij} - \boldsymbol{I}_{ij}^{\mathrm{T}}\boldsymbol{M}_k^t\boldsymbol{I}_{ij}]_+$$

$$(10.35)$$

$\varepsilon(\boldsymbol{M}^t)$ 对第 i 类马氏判别测度 $\boldsymbol{M}_i^t$ 的梯度为

$$\boldsymbol{G}_i^t = \frac{\partial \varepsilon}{\partial \boldsymbol{M}_i^t} = (1-\mu)\sum_j C_{ij} + \mu\Big(\sum_{i,j,k\in\Phi^t} C_{ij} - \sum_{i,j,k\in\Psi^t} C_{kj}\Big) \qquad (10.36)$$

其中：$C_{ij} = \boldsymbol{I}_{ij}\boldsymbol{I}_{ij}^{\mathrm{T}}$，$\Phi^t$ 表示 $\|\boldsymbol{L}_i\boldsymbol{I}_{ij}\|^2 + 1 > \|\boldsymbol{L}_k\boldsymbol{I}_{ij}\|^2$ 的 (i,j,k) 数组，Ψ^t 表示 $\|\boldsymbol{L}_k\boldsymbol{I}_{kj}\|^2 + 1 > \|\boldsymbol{L}_i\boldsymbol{I}_{kj}\|^2$ 的 (i,j,k) 数组。

迭代过程可以表示为

$$\boldsymbol{L}^{t+1} = \boldsymbol{M}^t - \alpha\boldsymbol{G}^t \qquad (10.37)$$

其中：$\alpha(\alpha>0)$ 表示为一常数，表示梯度迭代步长；$\boldsymbol{G}^t = \{\boldsymbol{G}_1^t, \boldsymbol{G}_2^t, \cdots, \boldsymbol{G}_N^t\}$。要注意的是 $\boldsymbol{L}^{t+1}$ 不是半正定矩阵，因此采用下面的投影操作，将其投影到半正定锥 S^+。

将 $\boldsymbol{M}^t$ 投影到半正定锥的方法主要使用矩阵的对角化技术，首先将 $\boldsymbol{L}^t$ 对角化分解为

$$\boldsymbol{L}^t = \boldsymbol{V}\boldsymbol{\Delta}\boldsymbol{V}^{\mathrm{T}} \qquad (10.38)$$

其中：$\boldsymbol{V}$ 是由特征向量组成的正交矩阵，$\boldsymbol{\Delta}$ 是由特征值组成对角矩阵。对角矩阵 $\boldsymbol{\Delta}$ 被分解为两部分：

$$\boldsymbol{\Delta} = \boldsymbol{\Delta}^- + \boldsymbol{\Delta}^+ \qquad (10.39)$$

其中：$\boldsymbol{\Delta}^+ = \max\{\boldsymbol{\Delta}, 0\}$ 含有所有的非负特征值的对角阵，$\boldsymbol{\Delta}^- = \min\{\boldsymbol{\Delta}, 0\}$ 含有所有的负的特征值的对角阵。则 $\boldsymbol{L}^t$ 投影到半正定锥可以表示为

$$\boldsymbol{M}^t = \boldsymbol{P}_{S^+}(\boldsymbol{L}^t) = \boldsymbol{V}\boldsymbol{\Delta}^+\boldsymbol{V}^{\mathrm{T}} \qquad (10.40)$$

该投影过程就是对负特征值进行截断而获得。

综合梯度计算和半正定锥投影，投影子梯度下降法的基本步骤如下：

Step1：初始化 $t=0$，$\boldsymbol{M}^0 = \boldsymbol{I}$，$\varepsilon > 0$；

Step2：计算 $\boldsymbol{G}_i = \dfrac{\partial \varepsilon}{\partial \boldsymbol{M}_i} = (1-\mu)\sum_j C_{ij} + \mu\Big(\sum_{i,j,k\in \phi^i} C_{ij} - \sum_{i,j,k\in \Psi^i} C_{kj}\Big), i=1,2,\cdots,N;$

Step3：计算 $\boldsymbol{L}^{t+1} = \boldsymbol{M}^t - \alpha \boldsymbol{G}^t$；

Step4：计算 $M^{t+1} = P_{S^+}(\boldsymbol{L}^{t+1}) = \boldsymbol{V}\boldsymbol{\Delta}^+\boldsymbol{V}^{\mathrm{T}}$，如果 $|\varepsilon(M^t) - \varepsilon(M^{t+1})| < \varepsilon$，迭代结束，输出 M^{t+1}，否则返回 Step2。

接下来，分析投影子梯度下降法的收敛性如下。

由式（10.37）知，

$$
\begin{aligned}
\|\boldsymbol{L}^{t+1} - \boldsymbol{M}^*\|_2^2 &\leqslant \|\boldsymbol{M}^t - \alpha_t \boldsymbol{G}^t - \boldsymbol{M}^*\|_2^2 \\
&= \|\boldsymbol{M}^t - \boldsymbol{M}^*\|_2^2 - 2\alpha_t(\boldsymbol{G}^t)^T(\boldsymbol{M}^t - \boldsymbol{M}^*) + \alpha_t^2\|\boldsymbol{G}^t\|_2^2 \\
&\leqslant \|\boldsymbol{M}^t - \boldsymbol{M}^*\|_2^2 - 2\alpha_t(\varepsilon(M^t) - \varepsilon(M^*)) + \alpha_t^2\|\boldsymbol{G}^t\|_2^2
\end{aligned}
$$

其中：M^* 为 $\varepsilon(M)$ 的全局最优点。

另一方面，在投影操作中，每次投影使得其离最优点更接近，即

$$
\|\boldsymbol{M}^{t+1} - \boldsymbol{M}^*\|_2^2 = \|P(\boldsymbol{L}^{t+1}) - \boldsymbol{M}^*\|_2^2 \leqslant \|\boldsymbol{L}^{t+1} - \boldsymbol{M}^*\|_2^2
$$

合并上述两式得

$$
\|\boldsymbol{M}^{t+1} - \boldsymbol{M}^*\|_2^2 \leqslant \|\boldsymbol{M}^t - \boldsymbol{M}^*\|_2^2 - 2\alpha_t(\varepsilon(M^t) - \varepsilon(M^*)) + \alpha_t^2\|\boldsymbol{G}^t\|_2^2 \leqslant \|\boldsymbol{M}^t - \boldsymbol{M}^*\|_2^2
$$

因此，使用投影梯度下降法解决式（10.34）可收敛到最优点。

10.4.4　深度估计算法

DFD 问题转化为 N 类问题，就是将场景中以每个点为中心的块状区域正确分类到 N 个深度信息的某一个深度，以此估计该点的深度信息。

根据本书提出的准则函数，学习判别测度和马氏判别测度，对于要估计深度信息的图像与训练样本具有相同的照相机参数，即可采用该方法加以估计。拍摄了两幅 $\boldsymbol{I} = [\boldsymbol{I}_1, \boldsymbol{I}_2]$，对于图像中任意点 x，取其邻域将其按列向量排列形成与训练样本相同的特征的样本 $\boldsymbol{I}(x) = [\boldsymbol{I}_1(x), \boldsymbol{I}_2(x)]$，按照式（10.23）计算判别函数值，估计 $\boldsymbol{I}(x) = [\boldsymbol{I}_1(x), \boldsymbol{I}_2(x)]$ 的深度信息为 s^*，具体可以写为

$$
s^* = \arg\min_{s_i \in S} \|\boldsymbol{L}_i\boldsymbol{I}\|^2 \tag{10.41}
$$

按照上述方式计算，涉及的运算都是简单矩阵运算，另外每个像素点相互独立，具有平行性，因此该方法具有较高的效率。

10.4.5　算法时间复杂度分析

设深度信息取离散点数为 N，图像尺寸为 $m \times n$，每点与线性算子做卷积后取模的运算量为 β，则整个图像与一个点扩散函数做卷积的运算量为 βmn，因此图像

与 N 个点扩散函数做卷积获得 N 幅图像的运算量为 βNmn。

对于图像的每个像素点求其最小值运算量为 $N-1$，整幅图像的求最小值的运算量为 $(N-1)mn$。

因此这个算法的运算量为 $\beta Nmn + (N-1)mn$，也就是说时间复杂度仍为 $O(mnN)$。

虽然 DFD_DML 与 DFD_IDwGC 算法的复杂度相同，但是总运算量缺少 2 个主要部分：点扩散函数的计算运算量和求得图像与已知图像差异性的运算量，因此可以说，DFD_DML 的运算量比 DFD_IDwGC 小。

10.5　实验结果与分析

本书提出的 DFD_DML 方法分为判别测度学习阶段和深度估计阶段。如果要保证深度估计阶段的顺利进行，必须保证要估计场景的散焦图像的拍摄参数与用于学习判别测度的散焦图像的样本集的所有拍摄参数（如相机透镜半径、焦距、像距）一致。因此，本书仿真了具有不同深度信息的散焦图像的样本，以便学习每个深度对应的判别测度和马氏判别测度。首先仿真一个 100×100 场景，等间隔放置在 $520 \sim 850 mm$ 之间，以此获得 51 个场景，对这 51 个场景分别对焦在 $520 mm$ 和 $850 mm$ 而获得 51 对图像，在每一对图像中，抽取 196 个 7×7 图像块，将其排列形成列向量，从而形成 51 类的样本集。每类有 196 个样本对其采用 TSVD 和 DFD_DML 获得 51 类的判别测度和马氏判别测度，将其分别应用于仿真图像（51 个深度信息的散焦图像和具有 51 个深度水平的阶梯形场景）和真实图像（来自文献[71]和[59]）。

10.5.1　仿真数据的实验结果与分析

图 10.2 所示是在截断秩分别为 $45,60,70,80,90$ 下 TSVD 方法学习的判别测度，对本部分的学习样本的深度去模糊结果的均值和标准差。图 10.3 表示以由图 10.2 使用的 TSVD 学习的判别测度为初始判别测度，采用 DFD_DML 方法获得判别测度，对本部分的学习样本的深度去模糊结果的均值和标准差。从图 10.2 可以看出，当截断秩与真实秩不等时，TSVD 误差会很大。从图 10.3 可以看出，以每个 TSVD 学习的判别测度为初始点，采用 DFD_DML 方法继续学习时，所获得结果几乎相同，从而说明 DFD_DML 不受样本集秩的影响。

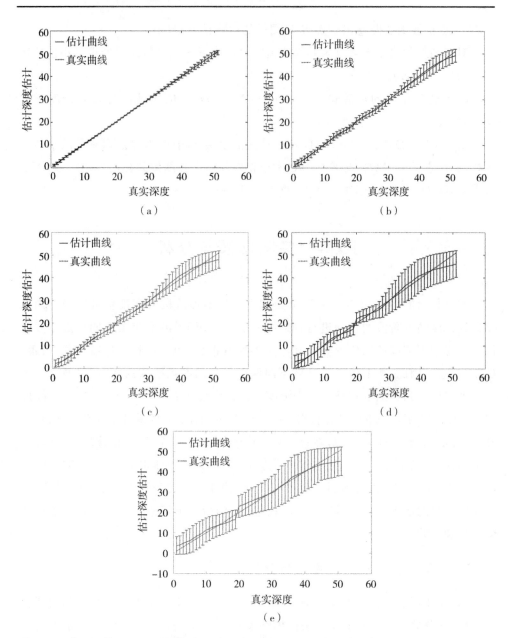

图 10.2　在不同秩下,TSVD 方法对 51 个深度场景的估计结果的统计量(均值与标准差):(a)秩为 45,(b)秩为 60,(c)秩为 70,(d)秩为 80,(e)秩为 90

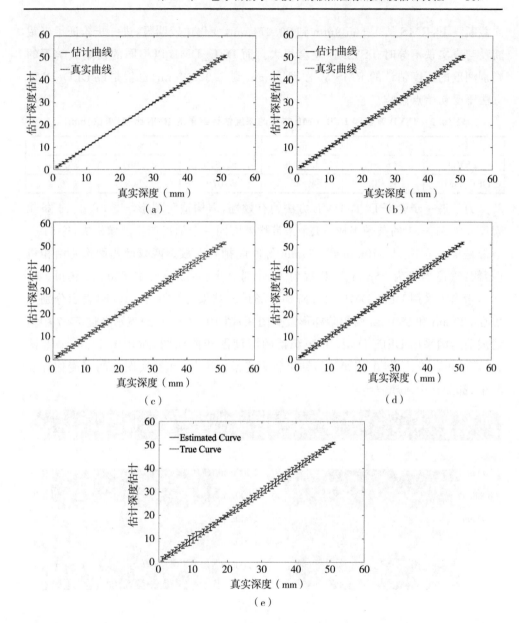

图 10.3 以 TSVD 方法获得判别测度为初始点，DFD_DML 方法对 51 个深度场景的估计结果统计量（均值与标准差）：(a)秩为 45，(b)秩为 60，(c)秩为 70，(d)秩为 80，(e)秩为 90

表 10.2 表示 TSVD 方法和 DFD_DML 方法学习的判别测度，对学习样本的深度估计结果的 RMS 的比较。第一行代表 TSVD 方法学习的判别测度的深度估计的 RMS，第二行表示 DFD_DML 方法以 TSVD 方法学习的测度为初始点学习的判别测度的深度估计的 RMS。从表 10.2 可以看出，TSVD 深度估计结果在不

同截断秩下,RMS 从 1.665 9mm 到 36.074mm,变化比较明显,进一步验证了当截断秩与真实秩不等时 TSVD 误差会很大。而 DFD_DML 以不同的初始点学习的判别测度的深度估计的 RMS 从 1.331 8mm 到 7.021 9mm,也就是说 DFD_DML 方法不受初始点影响。

表 10.2   TSVD 方法和 DFD_DML 方法的深度估计结果的 RMS 比较(单位:mm)

秩	45	60	70	80	90
TSVD	1.655 9	8.564 9	13.619	24.061	36.074
DFD_DML	1.332	4.607	5.079	5.509	7.022

　　为了进一步验证 DFD_DML 方法的有效性,需构造阶梯形场景,它由 51 条像素尺寸为 51×51 的条带组成,51 个条带均是由同一个随机产生图像构成,这 51 个条带是从上至下、从 520mm 到 850mm 等间隔排列而成。两幅散焦图像是由相机(参数:透镜半径为 35mm 和 F-数为 4)分别对焦在 520mm 和 850mm 获得。图 10.4 给出了采用 DFD_DML 估计阶梯形场景的结果,图 10.4(a)、(b)表示分别对焦在 520mm 和 850mm 两幅阶梯形散焦图像;图 10.4(c)~(e)表示经过 7×7 中值滤波前后的采用 DFD_DML 方法获得的深度图和曲面图,对比图 10.4(c)和图 10.4(d)可以看出,经中值滤波后结果较为光滑。因此,在真实图像的深度估计实验中,都加有中值滤波步骤。

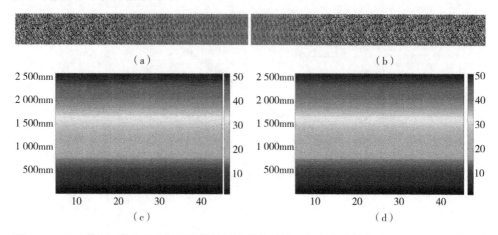

图 10.4   DFD_DML 方法对阶梯形场景的深度估计结果:(a)近焦散焦图像,(b)远焦散焦图像,(c)DFD_DML 估计深度图,(d)经过 7×7 中值滤波,(e)深度估计曲面图

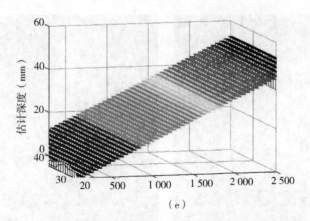

（e）

续图 10.4　DFD_DML 方法对阶梯形场景的深度估计结果：(a)近焦散焦图像,(b)远焦散焦图像,(c)DFD_DML 估计深度图,(d)经过 7×7 中值滤波,(e)深度估计曲面图

10.5.2　真实数据的实验结果与分析

本部分主要研究 DFD_DML 对两幅真实散焦图像的深度去模糊结果的比较。对两组图像的深度去模糊实验之后,都要进行窗口为 7×7 的中值滤波。

在图 10.5 和图 10.6 中,右侧颜色映射表示不同颜色对应不同的深度,从深蓝到浅蓝,最后到深红(由下至上)表示深度信息从 520mm 到 850mm。

图 10.5(a)和(b)分别表示文献[71]中的场景的对焦在近处(530mm)和远处(850mm)而获得的像素尺寸为 238×205 的两幅散焦图像,其中所使用的照相机的参数:焦距为 35mm;像圈数为 4;参数 ρ 为 $8×10^3$。图 10.5(c)、(d)和(e)分别表示经过 7×7 中值滤波前后采用 DFD_DML 方法获得的深度图和曲面图。

图 10.6(a)和(b)分别表示文献[59]中的场景的对焦在近处(520mm)和远处(850mm)而获得的像素尺寸为 240×320 的两幅散焦图像,其中所使用的照相机的参数:焦距为 12mm;像圈数为 2;参数 ρ 为 $2×10^4$。由于深度估计的散焦图像拍摄参数与学习判别测度的样本拍摄参数不同,需要在此参数下,重新学习各深度信息的判别测度,学习方法与前面介绍方法相同,只需修改对应参数即可。图 10.6(c)、(d)和(e)分别表示经过 7×7 中值滤波前后采用 DFD_DML 方法获得的深度图和曲面图。

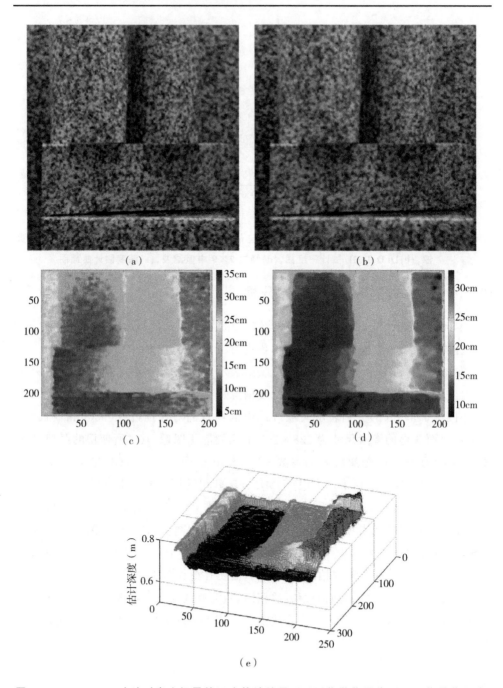

图 10.5　DFD_DML 方法对真实场景的深度估计结果:(a)近焦散焦图像;(b)远焦散焦图像,
(c)DFD_DML估计的深度图,(d)经过 7×7 中值滤波,(e) 估计曲面图

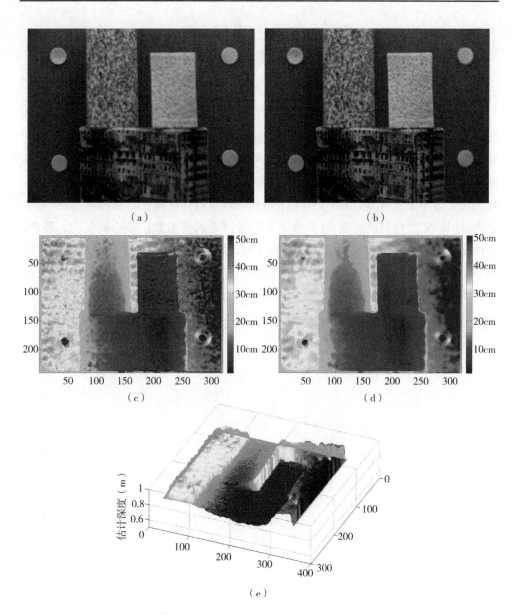

图 10.6　**DFD_DML** 方法对真实场景的深度估计结果:(a)近焦散焦图像,(b)远焦散焦图像,
　　　　(c)DFD_DML估计的深度图,(d)经过 7×7 中值滤波的 DFD_DML 估计的深度图,
　　　　(e) 估计曲面图

10.6　本章小结

　　本章提出了基于判别测度学习的 DFD 方法,包含判别测度学习阶段和深度估计阶段。在判别测度学习阶段,将 DFD 问题转化为多分类问题,确定多分类的判别函数形式,在判别函数中的判别测度主要通过最小化准则函数从训练集学习,准则函数充分考虑组内距离与组间距离以提高 DFD 的精度,为了最小化准则函数,将其转化为半正定规划,采用子梯度下降法加以求解。在深度估计阶段,对于每个像素,计算 N 个判别函数值,将该像素点归为使得判别函数值最小的深度。最后,从仿真数据和真实数据实验发现,DFD_DML 方法的独特之处是从仿真图像学习的判别测度可以估计真实图像深度信息;并且 DFD_DML 方法涉及的运算都是简单的矩阵计算,每个像素点相互独立,具有并行性和较高的效率。

第 11 章　基于 FPGA 和 DSP 的嵌入式水下图像采集系统

对海洋的了解和利用,体现了一个国家对海洋的支配能力,随着我国经济能力和科技能力的提高,人们越来越重视对海洋的探索。随之而来,水下视觉技术成为水下装备和相关技术研究的重点方向。水下成像对研究海底生物、海洋生态环境,海底石油勘探,沉船打捞,人工鱼礁等领域的应用,具有重要的意义。水下成像环境复杂,通常,水下成像质量较低,且在一些特殊应用场景,因受到带宽和软硬件的制约,往往需要以离线的方式将图片传送到水面上,因此,在满足成像需求的前提下,还需要对图片数据进行压缩处理,再进行传输。在压缩过程中,难免丢失部分图像信息,但是通过留存有效的像素信息,用人工识别方法及成像算法,建立易于识别的图像信息,这在深海观测领域具有重要的应用前景。本章以深海图像摄取为场景,建立基于 FPGA 和 DSP 的嵌入式系统,达到图像采集、压缩、存储的目的。

智能图像处理和网络通信模块采用嵌入式系统,嵌入式系统为核心的微型计算机因其小体积、高可靠性、强运算能力等特点,获得了快速的发展。在一些工业领域,嵌入式系统在一定程度上改变了通用计算机系统的工作方式和系统结构,人们把嵌入到对象体系中,实现控制及运算功能的计算机系统称为嵌入式计算机系统,简称嵌入式系统。与通用计算机系统相比,嵌入式系统往往是面对针对性的应用,具有专用性强的特点,另外,在设计嵌入式系统时,考虑专业性的应用,往往硬件和系统具有可拆解性,去除冗余,精简配置,嵌入式系统的软件通常固化在芯片内部,可快速地响应外部事件,大大提高系统可靠性,这种总成特性,也降低了系统的功耗。

11.1　系统总体设计

本图像采集系统的整体结构包括 FPGA 控制模块、DSP 图像处理模块和数据传输单元。

　　本系统采用 CMOS 传感器作为输入,通过 Camera Link 接口将图像数据传到 FPGA 接口,实时接收标准数字相机输出的视频数据。在 FPGA 完成对视频图像数据的采集后,将数据打包并行传输给 DSP,然后基于 H264 实现对图像的编码压缩,再通过图像优化算法对压缩图像进行处理,再后通过 I2C 总线传输到上位机和无线通信模块上,最后对三种图片数据进行对比分析。系统利用 FPGA 强大的逻辑控制能力和 DSP 在数据运算方面的优势,对数据进行采集、处理和存储,系统的总体框图如图 11.1 所示。

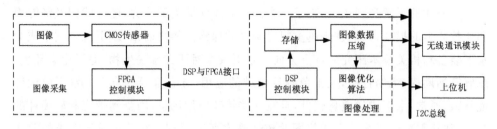

图 11.1　系统总体框图

11.2　成像模块的设计

　　图像采集系统的整体结构由光学成像模块、图像采集模块、嵌入式处理模块及通信单元、上位机组成。

　　本仪器采用转接镜和 CMOS 组成成像单元,其中转接镜通过场镜和摄影物镜的方式实现。本系统选择具有最高 800 万像素的 OV8865R 作为本系统的图像传感器,OV8865R 是 OmniVision 公司生产的 CMOS 图像传感器,OV8865 利用改进的 1.4μm OmniBSI™-2 像素,以节能的封装提供了同类最佳的像素性能。OV8865 摄像范围广,静态电流小,可获得高光和低光图像,很适用于水下暗光的情况。此外,OV8865 的功耗比上一代 OV8835 少得多,达到了高端移动设备制造商首选的 200 mW 以下基准。OV8865 支持 3 264×2 448(8M 像素)的有源阵列,以每秒 30 帧(30fps)的速度运行以进行高速摄影。该传感器还能够以 30fps 捕获 1080p 高清晰度(HD)视频或以 60fps 捕获 720p。

11.3　FPGA 控制模块的设计

FPGA 是完成图像采集、编码和传输的控制核心,使用 Xilinx Spartin 6 系列的 FPGA XSLX15 作为视频采集核心,外挂 256Mbit SDRAM 存储原始图片数据,FPGA 配置存储在 SPI Flash 上。外接 50MHz 晶振作为时钟源,通过内部分频、倍频提供所需的时钟信号。FPGA JTAG 仿真接口用于对 FPGA 进行仿真及调试。本设计中的 FPGA 的控制采用主串模式,工作时在电源输出端加滤波电容且由电源统一供电,并通过上拉电阻保证 FPGA 和 PROM 接口电平的一致,因为 FPGA 的配置存储在 SPI Flash 上,在 FPGA 开始工作时,将配置通过 SPI 导入之后,实现 FPGA 的控制功能。Camera Link 为高清多媒体接口,是全数字化视频声音传输接口,CMOS 图像采集系统通过该接口传输无压缩图片数据,最高可达到 1080p 60Hz 高清无压缩图像输出。SDRAM 将高清图片数据进行内部存储,并为 FPGA 进一步处理数据做准备。高清图像信息数据量较大,为有效保存图像数据,防止数据丢失,采用 DDR3 SDRAM 可达到 2GB 级数据存储量。在配置上,用 FIFO 对图像数据进行缓存,MIG AIR 存储控制模块负责对 DDR3 进行读写操作,时钟源作为 FIFO 模块的读写基准源。FPGA 硬件结构如图 11.2 所示。

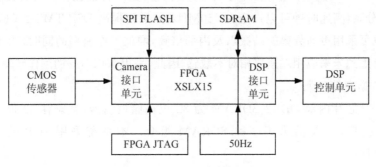

图 11.2　FPGA 硬件结构图

11.4　DSP 控制模块的设计

(1)JTAG 配置接口设计

JTAG 接口主要用于 DSP 在线调试及烧录程序,引脚功能及对应关系如表

11.1 所示。

表 11.1　JTAG 引脚功能表

引脚	功能	管脚模式
TMS	模式选择	输入
TCK	时钟	输入
TRST	复位	输入
TDI	数据输入	输入
TCK	数据输出	输出
EMU0	仿真	输入

（2）DSP 启动方式

DSP 启动方式可从 FLASH 直接启动和通过仿真器在 RAM 中启动，通过配置引脚 XMP/MC 的电平实现两种启动方式。

（3）电源模块的设计

采用高性能电源芯片 TPS73HD318 提供 1.9V、3.3V 两种电压，TPS51200 提供 0.9V DDR 的供电电压。

（4）时钟模块设计

TMS320C6748 工作频率可以为 150MHz，30M 的外部晶振作为时钟源，通过 10 倍频在 2 分频，高速时钟可以设定在 150MHz，如果要提高 DSP TMS320C6748 的工作频率，也可采用更高频率的晶振以及内部倍频，增加工作速率的同时，功耗也会相应增加，考虑到未来应用对速率相对不敏感，因此，采用 150MHz 的工作频率。

（5）数据存储单元

因 DSP 芯片内部 DDR2 SDRAM 为 32 位存储控制器，且兼容 32 位、16 位、8 位的数据接口，可灵活采用多种 SDRAM 组合。本系统采用 1GB 的 16 位的 M74H64M16。

（6）通信单元

DSP 支持多种通信格式，如 I2C、SPI、CAN 等，本节采用 I2C 总线的方式，给无线通信芯片 PTR8000 和 PC 机提供数据。为了对比数据，DSP 将原始数据和压缩数据及优化后的图片数据传输到 PC 机，以便进行比较验证。

DSP 的硬件硬件结构如图 11.3 所示。

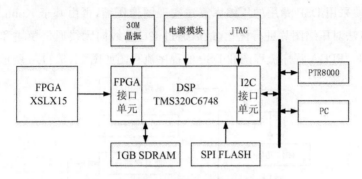

图 11.3 DSP TMS320C6748 硬件结构图

11.5 DSP 与 FPGA 数据接口设计

高清图像数据经过采集、存储后,FPGA 将数据打包发给 DSP 进行压缩。DSP 与 FPGA 数据接口通过高速 FIFO 接口完成。高速 FIFO 缓冲可以保证传输速率,提高传输数据的稳定性,减少"丢帧"的情况。DSP 与 FPGA 的接口如图 11.4 所示。

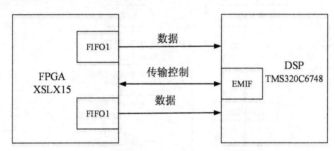

图 11.4 DSP 与 FPGA 的接口设计

存储器 FIFO 设有两路数据端口,FIFO1 写入数据,FIFO2 读取数据,因读写过程所用时钟数不相同,因此需要缓存进行异步处理。

11.6 程序算法的实现

成像系统通过光感应 CMOS 由 Camera Link 接口传输的高清图片数据量大,且在通信条件受限的情况下,无法满足实时性要求,因此,需要将图像数据压缩再经过算法优化后再进行传输。从图像所要求的质量与压缩速度考虑,这部分由 DSP 来完成,压缩模块采用 DSP 专用的压缩库算法实现图像压缩,再由基于 Kuhn-Tucker 条件的迭代算法对压缩图片进行优化,最后通过 I2C 总线向无线通信模块和上位机传输图片数据。FPGA 程序流程图和 DSP 的程序流程图如图 11.5、11.6 所示。

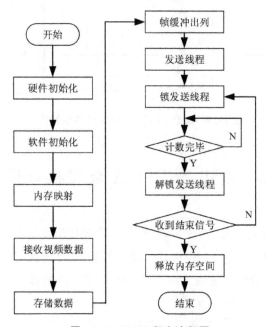

图 11.5　FPGA 程序流程图

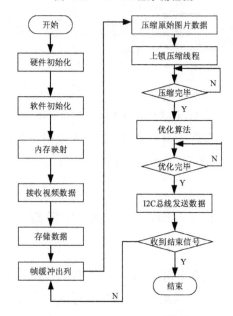

图 11.6　DSP 程序流程图

11.7　实验验证

系统设计完成后,采用软硬件结合分模块调试的方法,调用 TI 公司专用的压缩函数库进行调试。为进行比较实验,图片数据经 FPGA 缓存后,在 DSP 中完成压缩存储,DSP 在处理数据时是先保存原始数据,再用压缩函数进行压缩,并二次存储,最后通过算法优化后,将前两种图片数据一并通过 I2C 总线传给上位机。实验采用水下鱼缸里的鲫鱼摄取图片模拟水下环境,由传回图片数据比较可知,本方法压缩比较高,且图片质量进行优化后,去模糊效果较好,可达到优化要求(见图11.7)。

(a)原始图像　　　　　(b)压缩后图像　　　　　(c)Kuhn-Tucker 优化后

图 11.7　三种图片数据对比

11.8　本章小结

随着应用对图像与视频质量的需求日益提高,对传输带宽的要求也越来越高,但在特定应用场景,传输带宽的增加十分困难且非常昂贵,因此,建立压缩视频或图片文件的同时,还能满足图片质量的要求具有重要的现实意义。由上述需求,本章搭建了基于 FPGA 和 DSP 的嵌入式系统的图像采集系统,由传感器 CMOS 得到图像数据,经由 FPGA 传输到 DSP,最后由 DSP 完成图片数据的压缩、存储,优化、传输过程。由实验结果可知,本系统图片压缩比高,丢帧、失真率低,优化效果良好。

结　论

　　在本书中,通过信号和图像处理的代表性示例即非递归型滤波器、递归型滤波器算法,评估用于公司生产的高层次综合软件 Catapult C 的性能。综合工作在65nm工艺中进行。对于嵌入式系统,速度、面积、功耗和能耗等电路指标尤为重要。由于 Catapult-C 在面积和功耗方面表现良好,本书采用不同的优化策略以提高电路速度和降低电路能耗。

　　本书已经探索了各种版本的软件和硬件优化,并添加了高层次转换。同时把算法植入 XP70、ARM Cortex-A9 和 Intel Penryn ULV 三种通用处理器。实验结果表明,算法转换可以使 ASIC 的能耗降低 5～12 倍。

　　本书还详尽地探索了不同配置版本,以电路最小化面积和能耗为目标,并且发现这些配置版本与启动间隔时间的值相关联,即启动计算速率。

　　为了提高综合电路设计流程的自动化程度,开发元编程宏以自动生成代码并做算法转换。这样可以减少开发时间,同时提高电路性能。

　　因此,本书的贡献在于在电路架构、软件优化和信号与图像相关应用领域之间做出合适的选择。通过使用具有特定 C 代码功能(具有可综合 C++类型和对象)的高度自动化综合方法,用于算法设计和功能验证。根据面积和能耗电路特征,可以激发算法转换,以有利于寻找最优的速度、能耗或面积。

　　高层次自动化设计并不意味着设计中不再需要工程师。相反,意味着工程师不再需要花费大量时间在工具可实现的任务上。并且必须通过调动工程师的专业知识,使其具有更高附加值的任务,如高级自动转换和研究,寻找面积/能耗平衡点。

　　在高层次综合领域仍有许多研究要做。

　　关于算法和嵌入式需求的演变,评估高层次综合工具处理浮点计算的能力,特别是 2008 年 IEEE 标准定义的二进制 16 位格式的工作是有趣的。该方法定义了一种 16 位计算格式,因为有些算法很难通过定点实现。评估对算法控制部分的影响同样重要。

　　关于架构和高层次转换的影响,评估德州仪器的 C66x DSP(VLIW SIMD 多核浮点运算架构)以及具有 SIMD VECx 扩展核的 XP70 处理器组成的并行架构将会让读者更加感兴趣。因为这些处理器比 Cortex-A9 效率更高。

针对散焦图像,本书从图像去模糊和深度估计两方面进行研究。图像去模糊和深度估计分别可以看作解半盲卷积过程和解盲卷积过程,从生成模型和判别模型角度将解盲卷积转化为解半盲卷积,使图像去模糊和深度估计都可看作解半盲卷积过程。采用正则化技术解半盲卷积的研究主要集中在准则函数的求解方法、保真项的选取和正则项的选取三方面。因此,对于散焦图像的去模糊,本书从非负约束图像去模糊的迭代方法和全变分图像去模糊的保真项选取两方面进行研究;对于基于散焦图像的深度估计,本书从准则函数的保真项和正则项的选取两方面进行研究,并将传统图像生成模型转化为判别模型,开展基于判别技术的深度估计的研究,得到如下结论:

(1)从图像去模糊属于解卷积问题的角度,本书提出了基于 Kuhn-Tucker 条件的迭代算法解决带有非负约束的最小二乘准则的图像去模糊问题,该迭代算法能够保证每次迭代的函数序列的非负性,并在理论上证明该序列可以单调收敛到最小值。实验结果表明 IAbKT 在去模糊后图像视觉效果和 PSNR 方面均好于SDMwNC 和 CGMwPOCS。

(2)从图像去模糊属于解半盲卷积问题的角度,本书提出了基于 I-divergence准则的全变分图像去模糊模型,实验结果表明 TV_ID 在图像视觉效果、PSNR 和BSNR 方面均好于 TV_LS。

(3)从散焦图像的深度估计属于解盲卷积问题的角度,本书提出了带有几何约束的正则化方法解决 DFD 问题。该方法可以避免同时估计深度信息和清晰图像,也可避免由于较为复杂的正则项(如非局部均匀正则项,TV 项等)造成的算法效率较低的不足。不带有噪声的仿真实验结果表明,与分片光滑的曲面(阶梯形场景)相比,带有几何约束的 DFD 方法(DFD_LSwGC 和 DFD_IDwGC)更适用于连续光滑曲面(余弦曲面);在运行效率和精度方面,DFD_LSwGC 和 DFD_IDwGC明显优于 DFD_without_GC。带有噪声的仿真实验结果表明带有几何约束的 DFD方法(DFD_LSwGC 和 DFD_IDwGC)对于带有椒盐噪声和泊松噪声的散焦图像不敏感,而对于带有高斯噪声的散焦图像较为敏感。真实实验结果表明 DFD_LSwGC 和 DFD_IDwGC 明显优于 DFD_without_GC。

(4)从散焦图像的深度估计属于判别学习问题的角度,本书提出了基于判别测度学习的深度估计方法,该方法包含判别测度学习阶段和深度估计阶段 DFD_DML 方法从仿真图像学习的判别测度可以估计真实图像深度信息,这是该方法的独特之处。由于涉及的运算都是简单矩阵运算,且每个像素点相互独立,该方法可并行运算且具有较高的效率,算法复杂度为 $O(mnN)$。仿真数据和真实数据实验结果表明 DFD_DML 方法在 RMS 方面优于 DFD_TSVD 方法。

　　基于散焦图像的图像去模糊和深度估计问题的研究只是获得了阶段性的成果,下一步的研究将主要集中在:①探索场景几何结构的多分辨率正则化信息;②设计有效的优化算法,提高深度估计算法的运算效率。

参考文献

[1] Walker R A,Camposano R. A survey of high-level synthesis systems[J]. Springer,1991.

[2] Emmanuel Casseau and Bertrand Le Gal. High-level synthesis for the design of fpgabased signal processing systems[C]. In Systems,Architectures,Modeling,and Simulation,2009. SAMOS'09. International Symposium on,pages 25-32. IEEE,2009.

[3] Cong J,Liu B,Neuendorffer S,et al. High level synthesis for fpgas:From prototyping to deployment[J]. In Transactions on Computer-Aided design of integrated circuits and systems,2011,volume 30,4,pages 746-749. IEEE.

[4] Coussy P,Gajski D D,Meredith M,et al. An introduction to high-level synthesis[J]. Design & Test of Computers,IEEE,2009,26(4):8-17.

[5] Coussy P,Takach A. Special issue on high-level synthesis[J]. Design & Test of Computers,IEEE,25(5):2008,393-393.

[6] Martin G,Smith G. High-level synthesis:Past,present,and future[J]. Design & Test of Computers,IEEE,26(4):18-25,2009.

[7] Lin Y L. Recent developments in high-level synthesis[J]. ACM Transactions on Design Automation of Electronic Systems (TODAES),1997,2(1):2-21.

[8] Gupta S,Dutt N,Gupta R,et al. Spark:A high-level synthesis framework for applying parallelizing compiler transformations[C]. In VLSI Design,2003. Proceedings. 16th International Conference on,pages 461-466. IEEE,2003.

[9] calypto. Catapult-c [R] http://www. calypto. com.

[10] 李杨. 基于 Catapult C Synthesis 的图像校正算法设计[J]. 电子测量技术, 2016,39(7):92-95.

[11] Schreiber R,Aditya S,Rau B R,et al. High-level synthesis of nonprogrammable hardware accelerators[C]. In Application-Specific Systems,Architectures,and Processors,2000. proceedings. IEEE International Conference on,

pages 113-124. IEEE,2000.

[12] Forte Design Systems. Cynthesize closes the esl-to-silicon gap[R]http://www.forteds.com/products/cynthesizer.asp.

[13] Critical Blue. Boosting software processing performance with coprocessor synthesis[R]http://www.criticalblue.com.

[14] synopsys. Symphony-c-compiler[R]http://www.synopsys.com.

[15] synopsys. C-to-silicon[R]http://www.cadence.com.

[16] Bluespec. Bluespec esl synthesis extension (ese) to systemc[R]http://www.bluespec.com/index.htm.

[17] Batur O Z,Koca M,Dundar G. MATLAB-VHDL design automation for MB-OFDM UWB[C]// IEEE International Conference on Ultra-wideband. 2009.

[18] Coussy P,Chavet C,Bomel P,et al. Gaut:A high-level synthesis tool for dsp applications[J]. In High-Level Synthesis,pages 147-169. Springer,2008.

[19] Sentieys O,Diguet J P,Philippe J L. Gaut:a high level synthesis tool dedicated to real time signal processing application[C]. In European Design Automation Conference,2000.

[20] Gal B L,Casseau E. Word-length aware dsp hardware design flow based on high-level synthesis[J]. Journal of Signal Processing Systems,62(3):341-357,2011.

[21] Gupta S. SPARK:A Parallelizing Approach to the High-Level Synthesis of Digital Circuits[M]. Springer,2004.

[22] Stefanov T,Zissulescu Z,Turjan A,et al. System design using khan process networks:the compaan/laura approach[C]. In Design,Automation and Test in Europe Conference and Exhibition,2004. Proceedings,volume 1,pages 340-345. IEEE,2004.

[23] Nikolov H,Stefanov T,Deprettere E. Efficient automated synthesis,programing,and implementation of multi-processor platforms on fpga chips[C]. In Field Programmable Logic and Applications,2006. FPL'06. International Conference on,pages 1-6. IEEE,2006.

[24] Mozipo A,Massicotte D,Quinton P,et al. Automatic synthesis of a parallel architecture for kalman filtering using mmalpha[C]. In International confer-

ence on parallel computing in electrical engineering (PARELEC 98),pages 201-206,1999.

[25] Bednara M,Teich J. Automatic synthesis of fpga processor arrays from loop algorithms[J]. The Journal of Supercomputing,26(2):149-165,2003.

[26] Augé I,Pétrot F,Donnet F,et al. Platform-based design from parallel c specifications[J]. Computer-Aided Design of Integrated Circuits and Systems, IEEE Transactions on,24(12):1811-1826,2005.

[27] Kudlur M,Fan K,Mahlke S. Streamroller:automatic synthesis of prescribed throughput accelerator pipelines[C]. In Proceedings of the 4th international conferenceon Hardware/software codesign and system synthesis,pages 270-275. ACM,2006.

[28] Cong J,Fan Y P,Han G L,et al. Platform-based behavior-level and system-level synthesis[C]. In SOC Conference,2006 IEEE International,pages 199-202. IEEE,2006.

[29] Labbani O,Feautrier P,Lenormand E,et al. Elementary transformation analysis for Array-OL[C]// IEEE/ACS International Conference on Computer Systems & Applications. 2009.

[30] Boulet P. Array-ol revisited,multidimensional intensive signal processing specification[C]. Research Report 6113,INRIA,2008.

[31] Wood S,Akehurst D,Howells G,et al. Array ol descriptions of repetitive structures in vhdl[C]. In European Conference on Model Driven Architecture,Foundations and Applications,pages 137-152. Springer,2008.

[32] Allen R,Kennedy K,editors. Optimizing compilers for modern architectures: a dependence-based approach,chapter 8,9,11[M]. Morgan Kaufmann,2002.

[33] Fingeroff M,Bollaert T,editors. High-Level Synthesis-Blue Book,chapter 4, pages 41-44[M]. Mentor Graphic,2010.

[34] 解庆春,张云泉,王可,等. SIMD 技术与向量数学库研究[J]. 计算机科学, 2011,38(7):298-301.

[35] Janin Y,Bertin V,Chauvet H,et al. Designing tightly-coupled extension units for the stxp70 processor[C]. In Design,Automation and Test in Europe Conferece and Exhibition (DATE),pages 1052-1053. IEEE,2013.

[36] Irigoin F,Jouvelot P,Triolet R. Semantical interprocedural parallelization:an

overview of the pips project[C]. In ICS'91: Proceedings of the 5th international conference on Supercomputing, pages 244-251, New York, NY, USA, 1991. ACM.

[37] Taha W. Metaocaml-a compiled, type-safe multi-stage programming language [R]. Available online from http://www. metaocaml. org/, March 2003.

[38] Futamura Y. Partial evaluation of computation process-an approach to a compiler-compiler[J]. Higher-Order and Symbolic Computation, 12(4): 381-391, 1999.

[39] Jones N D. An introduction to partial evaluation[J]. ACMComput. Surv., 28 (3): 480-503, 1996.

[40] Consel C, Lawall J L, Le Meur A F. A tour of Tempo: A program specializer for the C language[J]. Science of Computer Programming, 2004.

[41] Todd L. Veldhuizen. C++ templates are turing complete[R]. Technical report, 2000.

[42] Unruh E. Prime number computation[R]. Technical Report ANSI X3J16-99-0075/ISO WG21-462, C++ Standard Commitee, 1994.

[43] Jeremy G. Siek and Andrew Lumsdaine. Concept checking: Binding parametric polymorphism in C++[C]. In Proceedings of the First Workshop on C ++ Template Programming, Erfurt, Germany, 2000.

[44] Menard D, Serizel R, Rocher R, et al. Accuracy constraint determination in fixed-point system design[J]. Journal on Embedded Systems (JES),, 2008: 1-12, 2008.

[45] Delmas D, Goubault E, Putot S, et al. Towards an industrial use of fluctuat on safety-critical avionics software[J]. In Formal Methods for Industrial Critical Systems, pages 53-69, 2009.

[46] Goubault E, Martel M, Putot S. Fluctuat[R]. http://www. di. ens. fr/~cousot/projects/DAEDALUS/synthetic_summary/CEA/Fluctuat/.

[47] Menard D, Rocher R, Sentieys O, et al. Design of fixed-point embedded systems (defis) french anr project[C]. In Design and Architectures for Signal and Image Processing, pages 1-8, 2012.

[48] Duff T. [R]. http://en. wikipedia. org/wiki/Duff's_device.

[49] Motorola/Freescale. Altivec[R]. http://www. freescale. com/webapp/sps/

site/overview. jsp? code＝DRPPCALTVC.

[50] Canny J F. A computation approach to edge detection[J]. Pattern Analysis Machine Intelligence,8,6:679-698,1986.

[51] Deriche R. Fast algorithms for low-level vision[J]. In International Conference On Pattern Recognition,pages 434-438. IEEE,1988.

[52] Deriche R. Fast algorithms for low-level vision[J]. Transaction on Pattern Analysis,12,1:78-87,1990.

[53] Lorca F G,Kessal L,Demigny D. Efficient asic and fpga implementations of iir filters for real time edge detection[C]. In International Conference on Image Processing,pages 406-409. IEEE,1997.

[54] Demigny D, editor. Méthodes et Architectures pour le TSI en temps réel, chapter 3:optimisations algorithmiques[M]. Hermes,2001.

[55] Lacassagne L,Lohier F,Garda P. Méthodes et Architectures pour le TSI en temps réel,chapter 8:Optimisation logicielle pour processeurs superscalaires [M]. Hermes,2001.

[56] Lacassagne L,Lohier F,Garda P. Méthodes et Architectures pour le TSI en temps réel,chapter 10:Optimisation logicielle pour processeurs VLIW. Hermes,2001.

[57] Demigny D, editor. Méthodes et Architectures pour le TSI en temps réel, chapter 4:sur la précision des calculs[M]. Hermes,2001.

[58] Klein J,Lacassagne L,Mathias H,et al. Low Power ImageProcessing:Analog Versus Digital Comparison[J]. 2005:111-115.

[59] Pantic M,Rothkrantz L J M. Automatic analysis of facial expressions:The state of the art[J]. Pattern Analysis and Machine Intelligence,IEEE Transactions on,2000,22 (12):1429-1445.

[60] Fasel B,Luettin J. Automatic facial expression analysis:a survey[J]. Pattern Recognition,2003,36 (1):259-275.

[61] 朱明旱,罗大庸. 2D FLD 与 LPP 相结合的人脸和表情识别方法[J]. 模式识别与人工智能,2009,22 (1):60-63.

[62] 付晓峰. 基于二元模式的人脸识别与表情识别研究[D]. 杭州:浙江大学 控制理论与控制工程,2008.

[63] 宋明黎. 人脸表情的识别、重建与合成[D]. 杭州:浙江大学 计算机科学与技

术,2005.

[64] 刘伟峰.人脸表情识别研究[D].中国科学技术大学 模式识别与智能系统,
2007.

[65] 何良华.人脸表情识别中若干关键技术的研究[D].南京:东南大学 信号与信
息处理,2005.

[66] 叶芳芳,许力.基于 CMAC 神经网络的人脸表情识别[J].计算机仿真,2010,
27 (8):262-265.

[67] 应自炉,李景文,张有为.基于表情加权距离 SLLE 的人脸表情识别[J].模式
识别与人工智能,2010,23 (2):278-283.

[68] 谭华春,章毓晋.基于人脸相似度加权距离的非特定人表情识别[J].电子与
信息学报,2007,29 (2):455-459.

[69] 黄永明,章国宝,董飞,等.基于 Gavor、Fisher 脸多特征提取及集成 SVM 的
人脸表情识别[J].计算机应用研究,2011,28 (4):1536-1543.

[70] 孙正兴,徐文晖.基于局部 SVM 分类器的表情识别方法[J].智能系统学报,
2008,3 (5):455-466.

[71] 王上飞,张锋,王煦法.基于时序分析的微弱表情识别方法[J].模式识别与人
工智能,2010,23 (2):148-153.

[72] 周晓彦,郑文明,邹采荣,等.基于特征融合和模糊核判别分析的面部表情识
别方法[J].中国图象图形学报,2009,14 (8):165-1620.

[73] 朱明旱,罗大庸,王一军.基于图像重建的表情识别算法[J].中国图象图形学
报,2010,15 (1):98-102.

[74] 应自炉,唐京海,李景文,等.支持向量鉴别分析及在人脸表情识别中的应用
[J].电子学报,2008,36 (4):725-730.

[75] 薛雨丽,毛峡,郭叶,等.人机交互中的人脸表情识别研究进展[J].中国图象
图形学报,2009,14 (5):769-772.

[76] 魏冉,姜莉,陶霖密.融合人脸多特征信息的表情识别系统[J].中国图象图形
学报,2009,14 (5):796-800.

[77] 刘晓旻,谭华春,章毓晋.人脸表情识别研究的新进展[J].中国图象图形学
报,2006,11 (10):1359-1368.

[78] Mpiperis I,Malassiotis S,Petridis V,et al. 3d facial expression recognition u-
sing swarm intelligence[A]. In IEEE International conference on Accous-
tics,Speech and Signal Processing[C],2008:2136-2138.

［79］ Srivastava R，Roy S. 3D facial expression recognition using residues［A］. In TENCON［C］,2009:1-5.

［80］ Mahoor M H，Abdel-Mottaleb,M. Face recognition based on 3D ridge images obtained from range data［J］. Pattern Recognition,2009,42（3）:4410-451.

［81］ Dalgleish T，Power MJ，Wiley J. Handbook of cognition and emotion［M］. Wiley Online Library,1999.

［82］ Darwin C，Ekman P，Prodger P. The expression of the emotions in man and animals［M］. Oxford University Press,USA,2002.

［83］ Ekman P，Friesen W V，Jenkins J，et al. Constants across cultures in the face and emotion［J］. Journal of Personality Scoial Psychol,1971,17（2）:129-129.

［84］ Picard R W. Affective computing［M］. The MIT press,1998.

［85］ Smith C，Scott H. A componential approach to the meaning of facial expressions［J］. The psychology of facial expression,1997,229-254.

［86］ K. T. 斯托曼. 情绪心理学［M］. 沈阳:辽宁人民出版社:1986.

［87］ Samal A，Iyengar P A. Automatic recognition and analysis of human faces and facial expressions:A survey［J］. Pattern Recognition,1992,25（1）:65-77.

［88］ 陈向. 人体结构与形态［M］. 上海:上海人民美术出版社,1978.

［89］ Ekman P，Friesen W V. Facial action coding system［A］. In Consulting Psychologists Press［C］,1977.

［90］ 高文,金辉. 面部表情图像的分析与识别［J］. 计算机学报,1997,20（9）:786-789.

［91］ http://www. face-and-emotion. com/dataface/anatomy/head_8-4view. jsp

［92］ http://en. wikipedia. org/wiki/Facial_Action_Coding_System

［93］ Beumier C，Acheroy M. Automatic 3D face authentication［J］. Image and Vision Computing,2000,18（4）:315-321.

［94］ Taubin G. Estimating the tensor of curvature of a surface from a polyhedral approximation［A］. In Proceedings of 5th Int. Conf. on Computer Vision［C］,1995:906-907.

［95］ Kunii T L，Belyaev A G，Anoshkina E V，et al. Hierarchic shape description via singularity and multiscaling［A］. In IEEE Computer Software and Applicaiotn Conference[C],2004:246-251.

[96] Lopez A M,Lumbreras F,Serrat J,et al. Evaluation of methods for ridge and valley detection[J]. Pattern Analysis and Machine Intelligence,IEEE Transactions on,1999,21 (4):327-335.

[97] Turk M,Pentland A. Eigenfaces for recognition[J]. Journal of cognitive neuroscience,1991,3 (1):71-86.

[98] Turk M. A random walk through eigenspace[J]. IEICE TRANSACTIONS ON INFORMATION AND SYSTEMS E SERIES D,2001,84 (12):1586-1595.

[99] Navarrete P,Ruiz-del-Solar J. Analysis and comparison of eigenspace-based face recognition approaches[J]. International journal of pattern recognition and artificial intelligence,2002,16 (7):817-830.

[100] Yang J,Zhang D,Frangi A. F. Two-dimensional PCA:a new approach to appearance-based face representation and recognition[J]. IEEE transactions on Pattern Analysis and machine Intelligence,2004,131-137.

[101] Zhang D Q,Zhou Z H. (2D)2PCA:6-Directional 6-Dimensional PCA for Efficient Face Representation and Recognition[J]. Neurocomputing,69,939-940.

[102] Langley P,Iba W,Thompson K. An analysis of Bayesian classifiers[A]. In the Tenth National Conference on Artificial Intelligence[C],1992:228-223.

[103] Friedman N,Geiger D,Goldszmidt M. Bayesian network classifiers[J]. Machine learning,1997,29 (2):131-163.

[104] Lisetti C L. ,Rumelhart D E. Facial expression recognition using a neural network[A]. In 1998:328-332.

[105] Kobayashi H,Hara F. Recognition of six basic facial expression and their strength by neural network[A]. In 1992:381-386.

[106] Franco L,Treves A. A neural network facial expression recognition system using unsupervised local processing[A]. In 2001:628-632.

[107] Kobayashi H,Hara F. The recognition of basic facial expressions by neural network[A]. In 1993:460-466 vol. 1.

[108] Walker R A,Camposano R. A Survey of High-Level Synthesis Systems [M]. Berlin:Springer,2009.

[109] Coussy P, Gajski D D, Meredith M, et al. An Introduction to High-Level Synthesis[J]. IEEE Design & Test of Computers, 2009, 26(4):8-17.

[110] Stefanov T, Zissulescu C, Turjan A, et al. System Design Using Kahn Process Networks: The Compaan/Laura Approach[C]. Design, Automation & Test in Europe Conference & Exhibition IEEE Computer Society. 2004: 10340-10340.

[111] Mozipo A L T, Massicotte D, Quinton P, et al. A parallel architecture for a-daptive channel equalization based on Kalman filter using MMAlpha[C]. IEEE Canadian Conference on Electrical & Computer Engineering. 1999: 554-559.

[112] Kennedy K, Allen J R. Optimizing compilers for modern architectures: a de-pendence-based approach[M]. San Francisco: Morgan Kaufmann Publish-ers, 2002.

[113] Amar A, Boulet P, Dumont P. Projection of the Array-OL specification lan-guage onto the Kahn process network computation model[J]. Proceedings of the International Symposium on Parallel Architectures, Algorithms and Networks, I-SPAN, 2006(05):496-503.

[114] Coussy P, Morawiec A. High-Level Synthesis: from Algorithm to Digital Circuit[M]. Berlin: Springer Publishing Company, 2010.

[115] Coussy P, Heller D, Chavet C. High-Level Synthesis: On the path to ESL design[C]. IEEE International Conference on Asic. IEEE, 2011:1098-1101.

[116] Fingeroff M. High-Level Synthesis Blue Book[M]. Xlibris Corporation, 2010.

[117] Li Y. Short image correction algorithm based on Catapult C synthesis[J]. Electronic Measurement Technology, 2016, 39(7):92-95.

[118] 谢正, 张开锋. 基于 Catapult C 的 DCT 算法设计[J]. 信息化研究, 2011, 37(4):42-45.

[119] Xie Z, Zhang K F. DCT algorithm based on Catapult C [J], Information Re-search, 2011, 37(4):42-45.

[120] Manzanera A. Σ-Δ background subtraction and the Zipf law[C]. Congress on Pattern Recognition, Iberoamerican Conference on Progress in Pattern Recogni-tion, Image Analysis and Applications. Springer-Verlag, 2007:42-51.

[121] Lacassagne L,Manzanera A,Denoulet J,et al. High performance motion detection:some trends toward new embedded architectures for vision systems [J]. Journal of Real-Time Image Processing,2009,4(2):127-146.

[122] Manzanera A,Richefeu J. A robust and computationally efficient motion detection algorithm based on sigma-delta background estimation[J]. Collection of Czechoslovak Chemical Communications,2010,47(2):702-708.

[123] Shin D H,Park R H,Yang S,et al. Block-based noise estimation using adaptive Gaussian filtering[J]. IEEE Transactions on Consumer Electronics,2005,51(1):263-264.

[124] Kee D,Song B. Multi-stage Image Deblurring Using Long/Short Exposure Time Image Pair:International Conference on Consumer Electronics[C]. 2013:78-79.

[125] Benvenuto F,Zanella R,Zanni L,et al. Nonnegative Least-squares Image Deblurring:Improved Gradient Projection Approaches[J]. Inverse Problem,2010,26(2):5004.

[126] Barakat R,Zhong H. Dilute Aperture Diffraction Imagery and Object Reconstruction:II. Deterministic Aberrations[J]. Pure and Applied Optics,1998,7:18-22.

[127] Krishnaprasad P S,Barakat R. A Descent Approach to a Class of Inverse Problem[J]. Journal of Computational Physics,1977,24:339-347.

[128] Youla D C,Webb H. Image Restoration by the Method of Convex Projections:Part1-Theory[J]. IEEE Transactions on Medical Imaging,1982,1(2):81-94.

[129] Sezan M I,Stark H. Image Restoration by the Method of Convex Projections:Part7-Applications and Numerical Results[J]. IEEE Transactions on Medical Imaging,1982,1(2):95-101.

[130] Daube-Witherspoon M E,Muehllener G. An Iterative Image Space Reconstruction Algorithm Suitable for Volume ECT[J]. IEEE Transactions on Medical Imaging,1986,5(2):61-66.

[131] Eicke B. Iteration Methods for Convexly Constrained Ill-posed Problems in Hilbert Spaces[J]. Numerical Functional Analysis and Optimization,1992,13(10-6):418-429.

［132］Martin K, Ryan C. Optimization in Algebraic and Topological Vector Spaces［R］. 2012.

［133］Lucy L B. An Iterative Technique for the Rectification of Observed Distributions［J］. The Astronomical Journal, 1974, 79(6):745-754.

［134］Richardson W H. Bayesian-based Iterative Method of Image Restoration ［J］. Journal of Optical Society of America, 1972, 62(1):55-59.

［135］Snyder D L, Miller M I, Thomas L J, et al. Noise and Edge Artifacts in Maximum-likelihood Reconstructions for Emission Tomography［J］. IEEE Transactions on Medical Imaging, 1987, 6(3):228-238.

［136］Snyder D L, Schulz T J, O'Sullivan J A. Deblurring Subject to Nonnegativity Constraints［J］. IEEE Transactions on Signal Processing, 1992, 40(5): 1148-1150.

［137］邹谋炎. 反卷积和信号去模糊［M］. 北京:国防工业出版社. 2001.

［138］王彦飞. 反演问题的计算方法及其应用［M］. 北京:高等教育出版社. 2007.

［139］陈浩. 图像质量评价及去模糊系统研究［D］. 上海交通大学, 2010.

［140］阮秋琦, 阮宇智. 数字图像处理(第二版)［M］. 北京:电子工业出版社. 2007.

［141］吴斌, 吴亚东, 张红英. 基于变分偏微分方程的图像去模糊技术［M］. 北京: 北京大学出版社. 2008.

［142］张志, 王润生. 边缘保持专家模型的自然图像去模糊［J］. 自然科学进展, 2009, 19(9):1009-1013.

［143］王大凯, 侯榆青, 彭进业. 图像处理的偏微分方程方法［M］. 北京:科学出版社. 2008.

［144］李权利. 全变差正则化盲图像去模糊技术研究［D］. 重庆大学, 2012.

［145］Michailovich O V. An Iterative Shrinkage Approach to Total Variation Image Restoration［J］. IEEE Transactions on Image Processing, 2011, 20(5): 1281-1299.

［146］赵晓飞, 张宏志, 左旺孟, 等. 面向全变分图像去模糊的增广拉格朗日方法综述［J］. 智能计算机与应用, 2012, 2(3):49-47.

［147］Shaked E, Michailovich O. Iterative Shrinkage Approach to Restoration of Optical Imagery［J］. IEEE Transactions on Image Processing, 2011, 20(2): 405-416.

［148］老大中. 变分法基础(第二版)［M］. 北京:国防工业出版社. 2007.

[149] Marquins A,Osher S. Explicit Algorithm for a New Time Dependent Model Based on Level Set Motion for Nonlinear Deblurring and Noise Removal [J]. SIAM Journal on Scientific Computing,2000,22:387-405.

[150] 曾金平,杨余飞,关力. 微分方程数值解[M]. 北京:科学出版社. 2011.

[151] Roe P L. Approximate Rieman Solvers,Parameter Vectors,and Difference Schemes[J]. Journal of Computational Physics,1981,43:357-372.

[152] Schechner Y Y,Kiryati N. Depth from Defocus vs. Stereo:How Different Really are They? [J]. International Journal of Computer Vision,2000,39 (2):141-162.

[153] Schneider G,Heit B,Honig J,et al. Monocular Depth Perception by Evaluation of the Blur in Defocused Images:International Conference on Image Processing[C]. 1994:116-119.

[154] 田涛,邓兵,潘俊民. 基于景物散焦图像的距离测量[J]. 计算机研究与发展, 2001,38(2):176-180.

[155] 张娟. 基于矩保持法的彩色目标深度测量[J]. 计算测量与控制,2007,15: 1458-1460.

[156] 田涛,潘俊民. 基于散焦图像深度测量的一种新方法[J]. 机器人,2001,23 (1):15-19.

[157] 陈朝阳,张桂林. 测量被动成像系统光学散焦的一种新方法[J]. 华中科技大学学报(自然科学版),1997,25(12):6-10.

[158] 陈朝阳,张桂林. 利用成像系统的光学散焦获取景物的深度信息[J]. 华中理工大学学报,1997,25(12):8-10.

[159] 王鑫,栾晓明,刘明勇,等. 与纹理无关的散焦测距方法的研究[J]. 应用科技,2006,33(6):68-70.

[160] 许义臣,孟传良. 基于边缘梯度的散焦图像深度估计[J]. 贵州大学学报(自然科学版),2012,29(6):68-71.

[161] Matsui S,Nagahara H,Taniguchi R. Half-sweep Imaging for Depth from Defocus:Advances in Image and Video Technology[C]. 2012:331-347.

[162] Wei Y,Dong Z,Wu C. Global Depth from Defocus with Fixed Camera Parameters:International Conference on Mechatronics and Automation[C]. 2009:1887-1892.

[163] Li W,Christoper L A. The Performance of the Atlas Term in MRF-MAP

Based DFD Algorithm: IEEE International Conference on Electro/Information Technology[C]. 2012:1-4.

[164] Favaro P, Scatto S. Shape and Radiance Estimation from the Information Divergence of Blurred Images: European Conference on Computer Vision [C]. 2000:755-768.

[165] Jin H, Favaro P, A Variational Approach to Shape from Defocus: European Conference on Computer Vision[C]. 2002:465-466.

[166] Liu H, Jia Y, Cheng H, et al. Depth Estimation from Defocus Images Based on Oriented Heat-flows: International Conference on Machine Vision[C]. 2009:215-217.

[167] Zhou C, Lin S, Nayar S. Coded Aperture Pairs for Depth from Defocus: Interantional Conference on Computer Vision[C]. 2009:325-332.

[168] Ben-Ari R, Raveh G. Variational Depth from Defocus in Real-time: International Conference on Computer Vision[C]. 2011:527-529.

[169] Zhou C, Lin S, Nayar S. Coded Aperture Pairs for Depth from Defocus and Defocus Deblurring[J]. International Journal of Computer Vision, 2011, 93 (1):58-72.

[170] 刘红, 李艳. 一种利用整体变分的深度估计算法[J]. 小型微型计算机系统, 2011, 32(3):548-547.

[171] Zhang Q, Gong Y. A Novel Technique of Image-based Camera Calibration in Depth-from-defocus: International Conference on Intelligent Networks and Intelligent Systems[C]. 2009:488-486.

[172] Tang C, Hou C, Song Z. Defocus Map Estimation from a Single Image via Spectrum Contrast[J]. Optics Letters, 2013, 38(10):1706-1708.

[173] Ranipa K R, Joshi M V. A Practical Approach for Depth Estimation and Image Restoration Using Defocus Cue: International Workshop on Machine Learning for Signal Processing[C]. 2011:1-6.

[174] Asada N. Edge and Depth from Focus[J]. International Journal of Computer Vision, 1998, 26(2):158-163.

[175] Marshall J A, Burbeck C A, Ariely D, et al. Occlusion Edge Blur: a Cue to Relative Visual Depth[J]. Journal of Optical Society of America, 1996, 13 (4):681-689.

［176］Girod B, Scherock. S. Depth from Defocus of Structured Light: Optics, Illumination, and Image Sensing for Machine Vision IV, SPIE［C］. 1989: 209-215.

［177］Nayar S K, Watanabe M, Noguchi M. Real-time Focus Range Sensor: International Conference on Computer Vision［C］. 1995: 991-1001.

［178］Noguchi M, Nayar S K. Microscopic Shape from Focus Using Active Illumination: International Conference on Computer Vision and Pattern Recognition［C］. 1994: 147-152.

［179］Liu H. Depth Retrieval Based on Optical Defocus of Imaging System: International Conference on Advanced Computer Control［C］. 2010: 319-322.

［180］章权兵, 徐颜, 张爱明, 等. 利用不均匀散焦模型获取景物深度信息［J］. 计算机工程与应用, 2009, 45(26): 166-168.

［181］Soatto S, Favaro P. A Geometric Approach to Blind Deconvolution with Application to Shape from Defocus: International Conference on Computer vision and Pattern Recognition［C］. 2000: 10-17.

［182］姚泽清, 苏晓冰, 郑琴, 等. 应用泛函分析［M］. 北京: 科学出版社. 2011.

［183］曲长文, 何友, 刘卫华, 等. 框架理论及应用［M］. 北京: 国防工业出版社. 2009.

［184］朱元国, 饶玲, 严涛. 矩阵分析与计算［M］. 北京: 国防工业出版社. 2010.

［185］吴秋峰, 刘振忠. Stiefel 流形上的梯度下降法［J］. 应用数学学报, 2012, 35(4): 721-729.

［186］Weinberger K Q, Saul L K. Distance Metric Learning for Large Margin Nearest Neighbor Classification［J］. Journal of Machine Learning Research, 2009, 10: 207-244.

附　录

附录 A　FIR 滤波器

表 A.1　FIR5＋单端口内存存储器＋Reg 版

频率(MHz)	100	200	300	400	500	600	平均值
面积(μm^2)							
ii＝自动	5 183	5 244	5 314	5 390	5 803	6 433	5 563
ii＝1	—	—	—	—	—	—	—
ii＝2	—	—	—	—	—	—	—
ii＝3	—	—	—	—	—	—	—
ii＝4	—	—	—	—	—	—	—
ii＝5	5 565	5 734	5 926	5 977	6 239	6 896	6 056
功耗(μW)							
ii＝自动	316.95	482.17	679.63	860.85	1 086.57	1 378.68	800.81
ii＝1	—	—	—	—	—	—	—
ii＝2	—	—	—	—	—	—	—
ii＝3	—	—	—	—	—	—	—
ii＝4	—	—	—	—	—	—	—
ii＝5	345.20	550.39	784.65	987.37	1 232.07	1 4614.28	918.99
能耗(pJ/点)							
ii＝自动	22.66	19.69	23.13	21.97	24.40	23.46	22.55
ii＝1	—	—	—	—	—	—	—
ii＝2	—	—	—	—	—	—	—
ii＝3	—	—	—	—	—	—	—
ii＝4	—	—	—	—	—	—	—
ii＝5	17.64	14.07	13.37	12.62	12.60	13.76	14.01

表 A. 2　FIR5＋双端口内存存储器＋Reg 版

频率（MHz）	100	200	300	400	500	600	平均值
面积（μm²）							
ii＝自动	5 357	5 357	5 277	5 450	5 980	6 679	5 683
ii＝1	—	—	—	—	—	—	—
ii＝2	—	—	—	—	—	—	—
ii＝3	6 633	6 878	7 510	7 624	8 103	9 270	7 670
ii＝4	6 298	6 594	6 947	7 051	7 601	8 851	7 224
ii＝5	5 913	5 913	5 973	6 196	6 658	7 669	6 387
功耗（μW）							
ii＝自动	328.23	498.30	656.72	869.43	1 133.24	1 425.82	818.62
ii＝1	—	—	—	—	—	—	—
ii＝2	—	—	—	—	—	—	—
ii＝3	413.14	653.32	1 018.48	1 296.38	1 692.10	2 134.35	1 201.30
ii＝4	384.97	614.77	905.02	1 151.97	1 533.07	1 970.93	1 093.46
ii＝5	371.54	569.53	786.32	1 042.68	1 358.79	1 805.06	988.99
能耗（pJ/点）							
ii＝自动	23.00	17.46	17.53	19.57	20.41	21.40	19.89
ii＝1	—	—	—	—	—	—	—
ii＝2	—	—	—	—	—	—	—
ii＝3	12.43	9.83	10.22	9.76	10.19	10.71	10.52
ii＝4	15.43	12.32	12.10	11.55	12.29	13.17	12.81
ii＝5	18.61	14.26	13.13	13.06	13.61	15.07	14.62

表 A.3　FIR5＋单端口内存存储器＋Rot 版

频率(MHz)	100	200	300	400	500	600	平均值
面积(μm^2)							
ii＝自动	5 511	5 579	5 423	5 467	5 899	8 060	5 990
ii＝1	6 686	6 686	7 748	8 979	9 399	9 638	8 189
ii＝2	6 159	6 622	7 434	7 751	8 293	9 900	7 693
ii＝3	6 086	6 387	6 862	6 964	7 364	9 324	7 165
ii＝4	6 030	6 298	6 573	6 826	7 155	9 439	7 054
ii＝5	5 504	5 828	5 526	5 580	5 882	8 109	6 072
功耗(μW)							
ii＝自动	353.7	541.87	720.66	909.93	1 146.22	1 544.46	869.47
ii＝1	327.74	479.55	864.7	1 403.59	1 783.93	2 040.66	1 150.03
ii＝2	374.03	631.63	1 022.57	1 350.01	1 737.82	2 176.49	1 215.43
ii＝3	389.51	621.71	946.51	1 210.45	1 550.45	1 950.7	1 111.56
ii＝4	370.78	600.46	885	1 150.01	1 468.58	1 891.99	1 061.14
ii＝5	360.56	581.04	773.07	979.54	1 235.56	1 670.59	933.39
能耗(pJ/点)							
ii＝自动	24.77	21.68	21.62	20.48	22.93	20.60	22.01
ii＝1	3.29	2.41	2.90	3.53	3.59	3.42	3.19
ii＝2	7.50	6.33	6.84	6.77	6.98	7.28	6.95
ii＝3	11.70	9.34	9.49	9.10	9.32	9.77	9.79
ii＝4	14.84	12.02	11.81	11.52	11.77	12.63	12.43
ii＝5	18.04	14.54	12.90	12.26	12.37	13.94	14.01

表 A.4　FIR5＋5 个单端口内存存储器版

频率(MHz)	100	200	300	400	500	600	平均值
面积(μm^2)							
ii＝自动	6 524	6 446	6 576	6 840	7 153	9 189	7 121
ii＝1	10 429	11 229	12 492	13 410	13 705	13 815	12 513
ii＝2	9 209	9 574	10 330	11 306	12 265	13 071	10 959
ii＝3	8 526	8 626	9 167	9 657	10 308	11 012	9 549
ii＝4	8 245	8 410	8 800	8 782	9 345	10 574	9 026
ii＝5	7 677	7 668	7 800	8 378	8 824	10 039	8 398
功耗(μW)							
ii＝自动	406.15	612.26	849.34	1 097.32	1 365.11	1 823.41	1 025.60
ii＝1	585.13	1 009.64	1 648.23	2 281.1	2 854.22	3 188.85	1 927.86
ii＝2	568.53	911.2	1 387.09	1 841.99	2 403.73	2 864.41	1 662.83
ii＝3	529.88	511.74	1 198.37	1 570.72	2 003.38	2 437.15	1 375.21
ii＝4	495.06	777.99	1 082.35	1 374.8	1 775.42	2 262.96	1 294.76
ii＝5	482.97	739.03	1 024.87	1 369.98	1 721.15	2 147.06	1 247.51
能耗(pJ/点)							
ii＝自动	28.46	24.51	25.50	27.45	30.05	27.37	27.23
ii＝1	5.91	5.10	5.56	5.78	5.79	5.38	5.59
ii＝2	11.43	9.16	9.31	9.27	9.68	9.61	9.74
ii＝3	15.95	7.70	12.03	11.83	12.08	12.24	11.97
ii＝4	19.85	15.60	14.47	13.79	14.25	15.13	15.51
ii＝5	24.20	18.52	17.12	17.17	17.26	17.93	18.70

表 A.5 FIR5+单端口内存存储器+LU 版

频率(MHz)	100	200	300	400	500	600	平均值
面积(μm^2)							
ii=自动	12 641	11 106	13 714	13 038	19 003	38 305	17 968
ii=1	—	—	—	—	—	—	—
ii=2	—	—	—	—	—	—	—
ii=3	—	—	—	—	—	—	—
ii=4	—	—	—	—	—	—	—
ii=5	18 784	18 124	18 788	22 648	28 787	54 349	26 913
功耗(μW)							
ii=自动	665.03	908.33	1 369.2	1 733.52	2 518.62	4 194.97	1 898.28
ii=1	—	—	—	—	—	—	—
ii=2	—	—	—	—	—	—	—
ii=3	—	—	—	—	—	—	—
ii=4	—	—	—	—	—	—	—
ii=5	1 017.04	1 522.66	2 205.99	3 328.31	4 477.47	8 055.7	3 434.53
能耗(pJ/点)							
ii=自动	113.64	105.10	82.82	87.31	91.44	161.84	107.03
ii=1	—	—	—	—	—	—	—
ii=2	—	—	—	—	—	—	—
ii=3	—	—	—	—	—	—	—
ii=4	—	—	—	—	—	—	—
ii=5	52.05	39.41	38.14	43.24	46.53	69.90	48.21

表 A.6　FIR5＋双端口内存存储器＋LU 版

频率(MHz)	100	200	300	400	500	600	平均值
面积(μm²)							
ii＝自动	12 446	12 717	11 450	12 095	17 060	38 209	17 330
ii＝1	—	—	—	—	—	—	—
ii＝2	—	—	—	—	—	—	—
ii＝3	21 045	21 753	23 227	29 220	30 613	56 785	30 441
ii＝4	18 998	19 351	21 075	23 437	24 719	49 649	26 205
ii＝5	12 446	12 717	11 450	12 095	17 060	38 209	17 330
功耗(μW)							
ii＝自动	677.30	998.23	1 293.65	1 640.71	2 496.60	4 726.31	1 972.13
ii＝1	—	—	—	—	—	—	—
ii＝2	—	—	—	—	—	—	—
ii＝3	1 126.74	1 810.45	2 703.98	4 005.00	5 312.60	8 922.90	3 980.28
ii＝4	1 027.95	1 566.66	2 347.85	3 265.27	4 278.19	8 546.20	3 505.35
ii＝5	677.30	998.23	1 293.65	1 640.71	2 496.60	4 726.31	1 972.13
能耗(pJ/点)							
ii＝自动	135.99	100.48	95.46	99.01	105.57	174.38	118.48
ii＝1	—	—	—	—	—	—	—
ii＝2	—	—	—	—	—	—	—
ii＝3	34.91	28.58	28.54	31.76	33.75	47.31	34.14
ii＝4	42.08	32.52	32.57	33.97	35.69	59.35	39.36
ii＝5	135.99	100.48	95.46	99.01	105.57	174.38	118.48

表 A.7　2 个 FIR3 单端口内存＋Reg 版

频率(MHz)	100	200	300	400	500	600	平均值
面积(μm^2)							
ii＝自动	20 545	20 493	20 785	20 670	20 984	21 484	20 827
ii＝1	—	—	—	—	—	—	—
ii＝2	—	—	—	—	—	—	—
ii＝3	22 876	23 227	23 360	23 220	24 704	—	23 477
ii＝4	21 277	22 174	21 964	23 162	23 291	—	22374
功耗(μW)							
ii＝自动	1 491.50	2 666.55	3 913.00	5 120.43	6 328.18	7 617.86	4 522.92
ii＝1	—	—	—	—	—	—	—
ii＝2	—	—	—	—	—	—	—
ii＝3	1 620.29	2 919.76	4 244.24	5 424.66	7 022.67	—	4 246.32
ii＝4	1 497.47	2 797.46	3 981.85	5 391.98	6 581.38	—	4 050.03
能耗(pJ/点)							
ii＝自动	74.61	66.70	65.25	70.44	69.64	76.21	70.47
ii＝1	—	—	—	—	—	—	—
ii＝2	—	—	—	—	—	—	—
ii＝3	40.58	36.57	35.44	33.97	35.19	—	36.35
ii＝4	44.97	42.02	39.86	40.50	39.55	—	41.38

表 A.8　2 个 FIR3 双端口内存＋Reg 版

频率(MHz)	100	200	300	400	500	600	平均值
面积(μm^2)							
ii＝自动	32 223	32 223	32 315	32 343	32 781	33 252	32 523
ii＝1	—	—	—	—	—	—	—
ii＝2	34 535	34 671	36 968	36 104	38 570	39 822	36 779
ii＝3	33 535	33 856	34 763	35 280	36 704	37 954	35 349
ii＝4	33 059	33 588	34 063	34 776	35 481	35 476	34 407
功耗(μW)							
ii＝自动	2 144.23	3 977.33	5 749.83	7 636.52	9 544.46	11 445.75	6 749.69
ii＝1	—	—	—	—	—	—	—
ii＝2	2 303.14	3 963.4	6 210.63	7 999.9	10 228.44	12 168.25	7 145.63
ii＝3	2 215.01	4 039.09	5 977.94	7 809.25	9 704.37	11 958.68	6 950.72
ii＝4	2 172.14	3 968.08	5 823.96	7 851.68	9 740.44	11 552.14	6 851.41
能耗(pJ/点)							
ii＝自动	96.53	89.53	86.28	95.49	95.48	104.96	94.71
ii＝1	—	—	—	—	—	—	—
ii＝2	34.61	29.79	31.15	30.08	30.79	30.52	—
ii＝3	44.37	40.46	39.94	39.11	38.88	39.94	40.45
ii＝4	54.36	49.66	48.60	49.18	48.81	48.21	49.80

表 A. 9　2 个 FIR3 3 个单端口内存＋Reg 版

频率(MHz)	100	200	300	400	500	600	平均值
面积(μm²)							
ii=自动	22 131	21 542	21 092	21 420	23 135	22 269	21 932
ii=1	—	—	—	—	—	—	—
ii=2	—	—	—	—	—	—	—
ii=3	22 685	23 734	23 476	25 418	26 251	27 197	24 794
ii=4	22 551	22 847	22 901	23 023	24 736	25 858	23 653
功耗(μW)							
ii=自动	1 559.28	2 758.28	3 930.39	5 226.49	6 598.27	7 751.36	4 637.35
ii=1	—	—	—	—	—	—	—
ii=2	—	—	—	—	—	—	—
ii=3	1 599.63	2 951.13	4 183.47	5 797.25	7 268.91	8 659.88	5 076.71
ii=4	1 598.41	2 876.68	4 086.5	5 409.37	6 868.79	8 503.55	4 890.55
能耗(pJ/点)							
ii=自动	62.41	55.20	65.54	71.90	66.01	77.55	66.43
ii=1	—	—	—	—	—	—	—
ii=2	—	—	—	—	—	—	—
ii=3	40.05	36.95	34.91	36.30	36.43	36.16	36.80
ii=4	48.01	43.20	40.91	40.62	41.27	42.60	42.77

表 A. 10　2 个 FIR3 单个端口内存＋Rot 版

频率(MHz)	100	200	300	400	500	600	平均值
面积(μm²)							
ii=自动	20 239	20 239	19 546	21 138	21 811	24 552	21 254
ii=1	20 392	20 392	20 480	21 954	22 356	25 247	21 804
ii=2	20 123	20 123	21 010	21 241	21 862	24 642	21 500
ii=3	20 045	20 045	20 792	20 877	21 388	24 256	21 234
ii=4	20 048	20 048	20 753	20 844	21 309	24 483	21 248
功耗(μW)							
ii=自动	1 398.89	2 514.96	3 669.7	4 886.49	6 116.16	7 441.11	4 337.89
ii=1	1 408.46	2 531.85	3 661.62	5 229.11	6 522.87	7 960.3	4 552.37
ii=2	1 397.79	2 514.82	3 807.4	5 036.19	6 236.94	7 521.42	4 419.09
ii=3	1 395.84	2 512.47	3 753.99	4 915.07	6 139.16	7 433.48	4 358.34
ii=4	1 395.26	2 511.67	3 726.2	4 877.7	6 091.23	7 457.66	4 343.29
能耗(pJ/点)							
ii=自动	56.05	50.39	85.78	73.43	85.78	68.33	69.96
ii=1	28.24	25.38	24.47	26.24	26.18	26.62	26.19
ii=2	42.02	37.80	38.17	37.87	37.53	37.69	38.51
ii=3	55.93	50.34	50.16	49.26	49.22	49.65	50.76
ii=4	69.89	62.90	62.22	61.09	61.03	62.26	63.23

表 A.11　2 个 FIR3 单个端口内存＋LU 版

频率(MHz)	100	200	300	400	500	600	平均值
面积(μm^2)							
ii＝自动	23 124	23 003	23 583	23 634	25 298	27 440	24 347
ii＝1	—	—	—	—	—	—	—
ii＝2	—	—	—	—	—	—	—
ii＝3	27 117	27 617	28 548	29 081	31 259	37 950	30 262
ii＝4	24 021	23 919	24 666	24 871	26 340	39 129	27 158
功耗(μW)							
ii＝自动	1 548.91	2 718.03	4 013.06	5 245.2	6 620.65	8 066.36	4 702.04
ii＝1	—	—	—	—	—	—	—
ii＝2	—	—	—	—	—	—	—
ii＝3	1 725.58	3 040.83	4 415.04	5 777.46	7 752.14	9 633	5 390.68
ii＝4	1 610.46	2 809.15	4 174.12	5 474.1	6 866.8	9 223.47	5 026.35
能耗(pJ/点)							
ii＝自动	95.21	83.54	91.35	89.56	99.50	100.99	93.36
ii＝1	—	—	—	—	—	—	—
ii＝2	—	—	—	—	—	—	—
ii＝3	70.90	62.50	60.50	59.39	63.88	66.10	63.88
ii＝4	77.12	67.27	66.66	65.58	65.87	73.74	69.37

表 A.12　2 个 FIR3 双个端口内存＋LU 版

频率(MHz)	100	200	300	400	500	600	平均值
面积(μm^2)							
ii＝自动	36 241	35 875	35 302	36 707	40 271	40 563	37 493
ii＝1	—	—	—	—	—	—	—
ii＝2	38 656	39 323	41 149	42 449	44 445	47 286	42 218
ii＝3	36 135	35 781	36 743	36 895	38 612	49 931	39 016
ii＝4	36 110	35 827	36 440	36 747	38 352	41 448	37 488
功耗(μW)							
ii＝自动	2 253.86	4 007.51	5 835.21	7 716.62	9 892.03	11 758.55	6 910.63
ii＝1	—	—	—	—	—	—	—
ii＝2	2 372.76	4 310.26	6 356.84	8 492.35	10 647.97	12 910.62	
ii＝3	2 295.78	4 065.09	6 038.57	7 919.31	9 931.63	12 844.28	7 182.44
ii＝4	2 267.06	4 058.37	5 994.57	7 873.28	9 866.32	12 139.24	7 033.14
能耗(pJ/点)							
ii＝自动	84.70	88.97	99.65	112.03	114.89	133.85	105.68
ii＝1	—	—	—	—	—	—	—
ii＝2	56.95	51.77	50.96	51.10	51.26	51.77	—
ii＝3	70.71	62.60	62.06	61.08	61.28	66.08	63.97
ii＝4	86.25	76.48	75.16	74.08	74.22	76.00	77.03

表 A.13　2 个 FIR3＋流水线 3 个缓存单门内存＋Reg 版

频率(MHz)	100	200	300	400	500	600	平均值
面积(μm^2)							
ii＝自动	5 386	5 386	6 428	5 622	6 147	6 510	5 913
ii＝1	—	—	—	—	—	—	—
ii＝2	—	—	—	—	—	—	—
ii＝3	5 980	6 328	7 047	7 963	8 412	9 981	7 619
ii＝4	5 983	6 072	6 277	7 313	9 065	9 655	7 394
功耗(μW)							
ii＝自动	335.16	514.36	741.95	913.56	1 183.85	1 457.71	857.77
ii＝1	—	—	—	—	—	—	—
ii＝2	—	—	—	—	—	—	—
ii＝3	365.8	602.71	909.88	1 326.9	1 651.21	2 141.07	1 166.26
ii＝4	365.5	575.37	775.37	1 176.64	1 637.93	2 036.79	1 094.60
能耗(pJ/点)							
ii＝自动	23.48	18.02	19.80	22.85	23.69	21.88	21.62
ii＝1	—	—	—	—	—	—	—
ii＝2	—	—	—	—	—	—	—
ii＝3	11.00	9.07	9.13	9.99	9.95	10.74	9.98
ii＝4	14.65	11.53	10.36	11.80	13.14	13.61	12.51

表 A.14　2 个 FIR3＋流水线 3 个缓存双门内存＋Reg 版

频率(MHz)	100	200	300	400	500	600	平均值
面积(μm^2)							
ii＝自动	5 771	5 771	6 702	5 911	6 177	7 146	6 246
ii＝1	—	—	—	—	—	—	—
ii＝2	6 783	7 784	7 665	8 928	9 300	11 371	8 639
ii＝3	6 138	6 326	6 884	7 565	9 390	—	7 261
ii＝4	5 982	6 310	6 468	6 959	8 699	8 022	7 073
功耗(μW)							
ii＝自动	361.39	552.69	781.53	966.78	1 218.24	1 590.1	911.79
ii＝1	—	—	—	—	—	—	—
ii＝2	437.57	757.78	1 068.6	1 595.83	2 085.97	2 591.63	1 422.90
ii＝3	380.56	613	914.47	1 269.05	1 797.37	—	994.89
ii＝4	359.99	586.73	812.97	1 112.75	1 639.86	1 825.15	1 056.24
能耗(pJ/点)							
ii＝自动	25.31	19.36	20.85	24.18	24.38	23.86	22.99
ii＝1	—	—	—	—	—	—	—
ii＝2	8.78	7.61	7.16	8.02	8.38	8.68	8.10
ii＝3	11.44	9.22	9.17	9.55	10.81	—	10.04
ii＝4	14.42	11.75	10.86	11.15	13.14	12.19	12.25

表 A.15　2 个 FIR3＋流水线单端口内存＋1 个缓存双门内存＋Rot 版

频率(MHz)	100	200	300	400	500	600	平均值
面积(μm^2)							
ii＝自动	5 386	5 455	5 557	5 610	5 741	6 542	5 715
ii＝1	7 515	8 514	8 262	9 409	10 088	12 114	9 317
ii＝2	5 947	6 414	7 341	7 651	9 031	104 373	23 460
ii＝3	5 931	6 318	7 126	7 660	8 487	9 372	7 482
ii＝4	5 955	6 074	6 228	6 954	7 515	8 476	6 867
功耗(μW)							
ii＝自动	342.70	525.86	760.83	970.21	1 157.19	1 491.36	874.69
ii＝1	392.97	706.81	890.01	1 327.8	1 746.15	2 735.42	1 299.86
ii＝2	374.09	651.1	1 032.44	1 378.01	2 014.38	2 428.24	1 313.04
ii＝3	377.70	636.72	982.47	1 240.83	1 658.37	2 057.81	1 158.98
ii＝4	374.89	604.06	842.92	1 120.15	1 478.17	1 952.91	1 062.18
能耗(pJ/点)							
ii＝自动	27.42	21.04	22.83	21.83	23.15	22.38	23.11
ii＝1	3.95	3.55	2.98	3.34	3.51	4.59	3.65
ii＝2	7.50	6.53	6.90	6.91	8.09	8.12	7.34
ii＝3	11.35	9.57	9.85	9.32	9.97	10.31	10.06
ii＝4	15.01	12.09	11.25	11.22	11.84	13.04	12.41

表 A.16　2 个 FIR3＋流水线 3 个单端口内存＋3 个缓存双门内存＋Reg 版

频率(MHz)	100	200	300	400	500	600	平均值
面积(μm^2)							
ii＝自动	6 120	6 120	6 188	7 074	6 377	7 381	6 543
ii＝1	10 116	11 012	12 442	13 346	13 444	13 949	12 385
ii＝2	7 538	8 372	7 559	8 887	9 650	13 781	9 298
ii＝3	7 112	7 600	7 616	9 079	10 375	11 064	8 808
ii＝4	7 255	7 255	8 431	9 527	9 914	—	8 476
功耗(μW)							
ii＝自动	385.02	592.05	799.64	1 105.16	1 286.31	1 679.75	974.66
ii＝1	567.12	998.57	1 644.31	2 298.97	2 805.39	3 253.69	1 928.01
ii＝2	459.18	809.50	995.68	1 556.23	2 055.04	3 265.86	1 523.58
ii＝3	438.65	695.59	922.70	1 431.25	2 060.87	2 634.82	1 363.98
ii＝4	438.00	671.20	1 063.06	1 573.94	1 940.32	—	1 137.30
能耗(pJ/点)							
ii＝自动	26.97	20.74	18.67	24.88	23.17	25.21	23.28
ii＝1	5.72	5.04	5.55	5.82	5.68	5.49	5.55
ii＝2	9.22	8.13	6.66	7.82	8.26	10.96	8.51
ii＝3	13.19	10.46	9.25	10.76	12.41	13.23	11.55
ii＝4	17.55	13.45	14.20	15.79	15.55	—	15.31

表 A.17　2 个 FIR3＋流水线单端口内存＋LU 版

频率(MHz)	100	200	300	400	500	600	平均值
面积(μm^2)							
ii＝自动	8 129	8 129	8 791	10 569	9 458	12 672	9 625
ii＝1	—	—	—	—	—	—	—
ii＝2	—	—	—	—	—	—	—
ii＝3	14 495	13 943	15 532	16 411	22 770	26 824	18 329
ii＝4	12 353	13 100	15 355	15 034	19 393	24 085	16 553
功耗(μW)							
ii＝自动	461.71	691.07	943.77	1 505.19	1 586.82	2 391.3	1 263.31
ii＝1	—	—	—	—	—	—	—
ii＝2	—	—	—	—	—	—	—
ii＝3	782.13	1 132	1 718.23	2 436.45	4 034.01	5 074.8	2 529.60
ii＝4	674.99	1 102.7	1 840.11	2 342.62	3 539.56	4 605	2 350.83
能耗(pJ/点)							
ii＝自动	78.88	59.04	53.75	60.53	66.96	68.11	64.54
ii＝1	—	—	—	—	—	—	—
ii＝2	—	—	—	—	—	—	—
ii＝3	23.88	17.30	17.47	18.61	24.75	25.87	21.31
ii＝4	27.36	22.36	24.88	23.79	28.82	31.24	26.41

表 A.18　2 个 FIR3＋流水线双端口内存＋LU 版

频率(MHz)	100	200	300	400	500	600	平均值
面积(μm^2)							
ii＝自动	9 895	11 074	9 966	10 200	9 524	11 743	10 400
ii＝1	—	—	—	—	—	—	—
ii＝2	14 648	15 646	20 575	20 619	24 720	28 150	20 726
ii＝3	14 148	14 665	14 296	17 030	20 577	23 647	17 394
ii＝4	13 300	13 472	15 072	17 538	20 280	23 980	17 274
功耗(μW)							
ii＝自动	557.70	904.29	1 089.86	1 478.14	1 645.94	2 268.32	1 324.04
ii＝1	—	—	—	—	—	—	—
ii＝2	821.63	1 463.73	2 563.84	3 323.26	4 854.20	5 566.80	3 098.91
ii＝3	785.05	1 272.19	1 662.93	2 536.05	3 781.94	4 978.60	2 502.79
ii＝4	701.53	1 112.59	1 756.45	2 812.10	3 873.76	4 658.40	2 485.81
能耗(pJ/点)							
ii＝自动	28.59	23.18	18.63	21.47	20.24	24.54	22.77
ii＝1	—	—	—	—	—	—	—
ii＝2	5.69	5.08	5.95	5.80	6.78	6.47	5.96
ii＝3	8.13	6.61	5.74	6.57	7.84	8.64	7.25
ii＝4	9.65	7.67	8.07	9.71	10.70	10.70	9.42

附录 B IIR 滤波器

表 B.1 IIR12 Normal 形式十单端口内存十LU 版

频率(MHz)	100	200	300	400	500	600	平均值
面积(μm^2)							
ii＝自动	5 084	5 211	6 450	5 268	5 687	7 804	5 917
ii＝1	—	—	—	—	—	—	—
ii＝2	—	—	—	—	—	—	—
ii＝3	8 763	10 306	11 101	8 692	12 470	—	10 266
ii＝4	7 362	7 898	9 380	11 172	13 470	14 708	10 665
功耗(μW)							
ii＝自动	309.51	468.02	685.31	827.27	1 034.10	1 498.28	803.75
ii＝1	—	—	—	—	—	—	—
ii＝2	—	—	—	—	—	—	—
ii＝3	464.25	886.09	1 152.93	1 242.92	2 081.22	—	1 165.48
ii＝4	405.26	625.33	1 075.58	1 469.17	1 984.95	2 597.48	1 359.63
能耗(pJ/点)							
ii＝自动	31.12	23.53	25.27	27.03	29.11	35.13	28.53
ii＝1	—	—	—	—	—	—	—
ii＝2	—	—	—	—	—	—	—
ii＝3	14.13	13.49	11.71	9.47	12.71	—	12.30
ii＝4	16.39	12.64	14.52	14.88	16.09	17.55	15.34

表 B.2　IIR12 Normal 形式＋双端口内存＋LU 版

频率(MHz)	100	200	300	400	500	600	平均值
面积(μm²)							
ii＝自动	5 297	5 644	6 185	5 946	6 482	8 594	6 358
ii＝1	—	—	—	—	—	—	—
ii＝2	9 255	10 237	11 874	—	—	—	10 455
ii＝3	8 769	8 725	8 945	11 152	14 740	17 351	11 614
ii＝4	8 456	8 362	7 995	8 832	12 579	—	9 245
功耗(μW)							
ii＝自动	321.37	508.77	686.88	950.09	1 224.36	1 645.87	889.56
ii＝1	—	—	—	—	—	—	—
ii＝2	491.68	872.46	1 414.26	—	—	—	926.13
ii＝3	452.81	712.36	959.30	1 615.81	2 552.98	3 221.28	1 585.76
ii＝4	485.70	689.31	925.37	1 327.10	2 034.09	—	1 092.31
能耗(pJ/点)							
ii＝自动	10.98	8.69	7.83	10.55	10.88	10.31	9.87
ii＝1	—	—	—	—	—	—	—
ii＝2	3.40	3.02	3.27	—	—	—	3.23
ii＝3	4.68	3.68	3.31	4.18	5.28	5.56	4.45
ii＝4	6.67	4.74	4.24	4.56	5.59	—	5.16

表 B.3　IIR11 Normal 形式＋单端口内存＋Reg 版

频率(MHz)	100	200	300	400	500	600	平均值
面积(μm²)							
ii＝自动	3 135	3 125	3 389	3 537	3 692	3 853	3 455
ii＝1	—	—	—	—	—	—	—
ii＝2	4 000	4 000	4 097	4 282	—	—	4 095
ii＝3	3 119	3 119	3 870	3 914	4 211	4 613	3 808
ii＝4	3 115	3 115	3 390	3 953	4 141	4 338	3 675
功耗(μW)							
ii＝自动	197.85	304.36	448.16	581.14	738.13	884.02	525.61
ii＝1	—	—	—	—	—	—	—
ii＝2	266.87	412.35	568.10	762.25	—	—	502.39
ii＝3	199.87	308.01	541.03	691.05	883.41	1 122.80	624.36
ii＝4	197.92	304.39	457.18	687.45	879.10	1 018.20	590.71
能耗(pJ/点)							
ii＝自动	7.92	6.09	7.48	8.72	8.86	8.85	7.99
ii＝1	—	—	—	—	—	—	—
ii＝2	5.36	4.14	3.80	3.83	—	—	4.28
ii＝3	6.01	4.63	5.42	5.20	5.31	5.63	5.37
ii＝4	7.93	6.10	6.10	6.89	7.05	6.80	6.81

表 B.4　IIR11 Normal 形式＋双端口内存＋Reg 版

频率(MHz)	100	200	300	400	500	600	平均值
面积(μm^2)							
ii＝自动	3 004	3 004	3 280	3 309	3 674	3 667	3 323
ii＝1	—	—	—	—	—	—	—
ii＝2	3 011	3 011	3 011	3 222	—	—	3 064
ii＝3	2 996	2 996	3 294	3 336	3 681	4 065	3 395
ii＝4	3 021	3 021	3 272	3 297	3 657	3 781	3 342
功耗(μW)							
ii＝自动	190.85	294.22	433.49	552.42	742.25	848.18	510.24
ii＝1	—	—	—	—	—	—	—
ii＝2	195.69	303.11	410.51	572.24	—	—	370.39
ii＝3	190.96	294.13	448.17	575.45	770.38	947.82	537.82
ii＝4	189.28	290.50	433.61	551.27	744.35	898.02	517.84
能耗(pJ/点)							
ii＝自动	5.73	4.42	5.79	5.53	5.95	7.08	5.75
ii＝1	—	—	—	—	—	—	—
ii＝2	3.93	3.04	2.74	2.87	—	—	3.14
ii＝3	5.74	4.42	4.49	4.32	4.63	4.75	4.73
ii＝4	7.58	5.82	5.79	5.52	5.96	6.00	6.11

表 B.5　IIR11 Normal 形式＋单端口内存＋Rot 版

频率(MHz)	100	200	300	400	500	600	平均值
面积(μm^2)							
ii＝自动	3 042	3 042	3 309	3 359	3 714	3 636	3 350
ii＝1	3 842	3 861	3 861	4 522	4 589	5 443	4 353
ii＝2	2 977	2 977	3 443	3 415	3 785	4 430	3 505
ii＝3	2 943	2 943	3 230	3 266	3 675	3 795	3 309
ii＝4	2 968	2 968	3 208	3 265	3 519	3 751	3 280
功耗(μW)							
ii＝自动	195.24	301.34	431.34	551.31	720.32	812.95	502.08
ii＝1	212.27	314.02	418.44	680.68	823.39	1 202.05	608.48
ii＝2	187.69	289.98	490.43	625.03	836.76	1 085.28	585.86
ii＝3	180.08	276.42	423.87	538.93	720.69	941.96	513.66
ii＝4	178.60	272.02	410.57	522.78	677.79	859.62	486.90
能耗(pJ/点)							
ii＝自动	5.87	4.53	5.76	5.52	5.77	6.78	5.70
ii＝1	2.14	1.58	1.40	1.72	1.66	2.02	1.75
ii＝2	3.76	2.91	3.28	3.14	3.36	3.63	3.35
ii＝3	5.41	4.15	4.25	4.05	4.33	4.72	4.49
ii＝4	7.15	5.45	5.48	5.23	5.43	5.74	5.75

表 B.6　IIR11 Normal 形式＋单端口内存＋LU 版

频率（MHz）	100	200	300	400	500	600	平均值
面积（μm^2）							
ii＝自动	3 331	3 331	3 331	3 697	4 162	4 134	3 664
ii＝1	—	—	—	—	—	—	—
ii＝2	4 300	4 306	4 739	4 767	5 383	7 561	5 176
ii＝3	4 117	4 202	5 348	4 937	5 548	—	4 830
ii＝4	3 476	3 444	3 875	5 106	4 287	5 006	4 199
功耗（μW）							
ii＝自动	207.78	317.97	428.15	579.43	764.56	892.61	531.75
ii＝1	—	—	—	—	—	—	—
ii＝2	244.00	362.85	560.43	737.29	1 037.85	1 666.57	768.17
ii＝3	234.04	363.59	581.49	741.89	1 010.07	—	586.22
ii＝4	220.98	329.82	509.87	846.69	836.23	1 131.32	645.82
能耗（pJ/点）							
ii＝自动	10.41	7.96	7.15	8.71	9.19	10.43	8.97
ii＝1	—	—	—	—	—	—	—
ii＝2	4.91	3.65	3.76	3.72	4.18	5.60	4.30
ii＝3	7.05	5.48	5.84	5.59	6.09	—	6.01
ii＝4	8.87	6.62	6.82	8.50	6.71	7.57	7.52

表 B.7　IIR11 Normal 形式＋双端口内存＋LU 版

频率（MHz）	100	200	300	400	500	600	平均值
面积（μm^2）							
ii＝自动	3 610	3 608	4 555	3 850	4 232	4 439	4 049
ii＝1	6 109	6 155	7 055	—	—	—	6 440
ii＝2	4 648	4 655	5 260	6 334	6 067	7 105	5 678
ii＝3	4 404	4 584	4 856	4 912	5 304	6 178	5 040
ii＝4	3 749	3 769	3 770	4 902	5 713	6 126	4 672
功耗（μW）							
ii＝自动	229.46	346.26	541.05	623.63	816.56	980.02	589.50
ii＝1	298.82	445.09	764.34	—	—	—	502.75
ii＝2	301.95	459.48	755.54	1 029.38	1 247.47	1 696.41	915.04
ii＝3	262.56	409.52	623.30	795.18	1 053.37	1 370.43	752.39
ii＝4	247.38	377.20	506.94	767.33	1 058.08	1 402.78	726.62
能耗（pJ/点）							
ii＝自动	11.50	8.67	9.04	9.37	9.81	11.45	9.97
ii＝1	3.03	2.26	2.59	—	—	—	2.62
ii＝2	6.08	4.63	5.07	5.18	5.03	5.70	5.28
ii＝3	7.91	6.17	6.26	5.99	6.35	6.88	6.59
ii＝4	9.92	7.57	6.78	7.70	8.49	9.38	8.31

表 B.8　IIR11 Factor 形式＋单端口内存＋Reg 版

频率(MHz)	100	200	300	400	500	600	平均值
面积(μm^2)							
ii＝自动	2 688	2 688	2 903	3 046	3 065	3 231	2 937
ii＝1	—	—	—	—	—	—	—
ii＝2	2 681	2 681	2 816	3 151	—	—	2 832
ii＝3	2 657	2 657	2 918	2 966	3 177	3 292	2 945
ii＝4	2 702	2 702	2 915	3 042	3 062	3 190	2 936
功耗(μW)							
ii＝自动	158.86	239.06	344.43	456.83	554.50	690.68	407.39
ii＝1	—	—	—	—	—	—	—
ii＝2	159.65	240.81	366.13	477.24	—	—	310.96
ii＝3	157.33	237.00	368.61	459.02	625.38	714.36	426.95
ii＝4	158.44	237.94	367.02	461.28	560.17	690.84	412.62
能耗(pJ/点)							
ii＝自动	4.77	3.59	4.60	5.72	5.55	5.76	5.00
ii＝1	—	—	—	—	—	—	—
ii＝2	3.20	2.42	2.45	2.39	—	—	2.61
ii＝3	4.73	3.56	3.69	3.45	3.76	3.58	3.79
ii＝4	6.35	4.76	4.90	4.62	4.49	4.61	4.95

表 B.9　IIR11 Factor 形式＋双端口内存＋Reg 版

频率(MHz)	100	200	300	400	500	600	平均值
面积(μm^2)							
ii＝自动	2 783	2 783	2 940	3 048	3 068	3 258	2 980
ii＝1	—	—	—	—	—	—	—
ii＝2	2 797	2 797	3 017	3 224	—	—	2 959
ii＝3	2 777	2 777	2 971	3 011	3 272	3 510	3 053
ii＝4	2 804	2 804	2 952	3 061	3 081	3 220	2 987
功耗(μW)							
ii＝自动	162.99	245.30	337.17	445.65	539.74	671.16	400.34
ii＝1	—	—	—	—	—	—	—
ii＝2	165.32	248.83	370.75	516.74	—	—	325.41
ii＝3	163.21	245.35	359.28	463.50	625.02	783.93	440.05
ii＝4	163.48	245.51	344.35	460.06	558.08	690.52	410.33
能耗(pJ/点)							
ii＝自动	4.90	3.69	4.50	5.58	5.40	5.60	4.94
ii＝1	—	—	—	—	—	—	—
ii＝2	3.32	2.50	2.48	2.59	—	—	2.72
ii＝3	4.90	3.69	3.60	3.48	3.76	3.93	3.89
ii＝4	6.55	4.92	4.60	4.61	4.47	4.61	4.96

表 B.10　IIR11 Factor 形式＋单端口内存＋Rot 版

频率(MHz)	100	200	300	400	500	600	平均值
面积(μm²)							
ii＝自动	2 694	2 694	2 827	2 983	3 033	3 208	2 907
ii＝1	2 567	2 567	2 917	2 965	3 228	3 742	2 998
ii＝2	2 647	2 647	2 955	3 154	3 174	3 281	2 976
ii＝3	2 610	2 610	2 842	3 073	3 093	3 255	2 914
ii＝4	2 636	2 636	2 758	2 980	2 999	3 161	2 862
功耗(μW)							
ii＝自动	157.28	237.69	335.44	445.92	550.01	686.41	402.13
ii＝1	149.61	225.99	369.00	466.98	634.34	860.32	451.04
ii＝2	155.53	235.90	381.43	511.78	621.66	763.93	445.04
ii＝3	150.07	225.89	346.25	483.01	587.28	728.52	420.17
ii＝4	149.68	224.48	329.32	448.27	544.32	677.58	395.61
能耗(pJ/点)							
ii＝自动	4.83	3.65	4.58	5.71	5.63	5.86	5.04
ii＝1	1.54	1.16	1.27	1.20	1.31	1.48	1.33
ii＝2	3.19	2.42	2.61	2.63	2.55	2.62	2.67
ii＝3	4.61	3.47	3.55	3.71	3.61	3.73	3.78
ii＝4	6.13	4.60	4.50	4.59	4.46	4.63	4.82

表 B.11　IIR11 Factor 形式＋单端口内存＋LU 版

频率(MHz)	100	200	300	400	500	600	平均值
面积(μm²)							
ii＝自动	3 347	3 336	3 481	4 390	3 590	3 722	3 644
ii＝1	—	—	—	—	—	—	—
ii＝2	3 559	3 549	3 657	3 802	4 148	4 595	3 885
ii＝3	3 371	3 431	3 515	3 680	4 922	5 317	4 039
ii＝4	3 373	3 439	3 523	4 607	3 883	5 359	4 031
功耗(μW)							
ii＝自动	182.16	290.06	418.98	564.85	639.60	778.57	479.04
ii＝1	—	—	—	—	—	—	—
ii＝2	224.56	339.54	483.14	636.43	857.74	1 083.17	604.10
ii＝3	192.35	318.21	447.74	610.96	794.07	1 005.76	561.52
ii＝4	199.22	312.08	414.30	587.66	705.14	932.20	525.10
能耗(pJ/点)							
ii＝自动	9.13	7.27	8.39	9.90	8.97	11.69	9.22
ii＝1	—	—	—	—	—	—	—
ii＝2	4.53	3.42	3.25	3.21	3.46	3.64	3.58
ii＝3	5.80	4.79	4.50	4.61	4.79	5.06	4.92
ii＝4	7.99	6.26	5.54	5.90	5.66	6.24	6.27

表 B.12　IIR11 Factor 形式＋双端口内存＋LU 版

频率(MHz)	100	200	300	400	500	600	平均值
面积(μm^2)							
ii＝自动	3 335	3 303	3 603	4 524	3 685	3 755	3 701
ii＝1	4 240	4 792	5 306	—	—	—	4 779
ii＝2	3 538	3 559	3 909	3 904	4 217	5258	4 064
ii＝3	3 534	3 557	3 694	3 677	5 079	5 716	4 210
ii＝4	3 439	3 335	3 742	3 810	3 960	4 294	3 763
功耗(μW)							
ii＝自动	195.17	310.92	448.43	605.94	687.35	816.90	510.79
ii＝1	240.98	428.25	724.27	—	—	—	464.50
ii＝2	223.57	382.38	586.98	724.44	975.77	1 252.87	691.00
ii＝3	225.05	359.71	515.33	682.44	926.43	1 274.07	663.84
ii＝4	208.31	326.35	536.61	652.73	882.22	1 159.92	627.69
能耗(pJ/点)							
ii＝自动	7.83	6.23	7.49	9.10	8.26	10.91	8.30
ii＝1	2.44	2.17	2.45	—	—	—	2.36
ii＝2	4.50	3.85	3.94	3.65	3.93	4.21	4.01
ii＝3	6.78	5.42	5.18	5.14	5.59	6.40	5.75
ii＝4	8.35	6.54	7.18	6.55	7.08	7.76	7.24

表 B.13　IIR11 Delay 形式＋单端口内存＋Reg 版

频率(MHz)	100	200	300	400	500	600	平均值
面积(μm^2)							
ii＝自动	3 966	3 993	4 020	4 297	4 708	4 934	4 320
ii＝1	—	—	—	—	—	—	—
ii＝2	4 962	4 962	4 962	6 542	5 882	6 810	5 687
ii＝3	5 344	4 617	4 663	4 813	6 203	5 835	5 246
ii＝4	4 158	4 657	4 828	4 624	5 060	5 453	4 797
功耗(μW)							
ii＝自动	251.27	383.07	515.64	703.95	904.15	1 105.09	643.86
ii＝1	—	—	—	—	—	—	—
ii＝2	307.80	472.62	637.34	1 093.31	1 220.97	1 624.73	892.80
ii＝3	366.61	430.32	588.94	849.43	1 350.90	1 462.98	841.53
ii＝4	269.68	472.95	672.40	815.13	1 062.84	1 313.75	767.79
能耗(pJ/点)							
ii＝自动	12.57	11.49	10.31	12.32	12.66	12.89	12.04
ii＝1	—	—	—	—	—	—	—
ii＝2	6.17	4.74	4.26	5.49	4.90	5.44	5.17
ii＝3	11.03	6.46	5.90	6.38	8.13	7.33	7.54
ii＝4	10.80	9.47	8.98	8.16	8.51	8.77	9.11

表 B. 14　IIR11 Delay 形式＋双端口内存＋Reg 版

频率(MHz)	100	200	300	400	500	600	平均值
面积(μm^2)							
ii＝自动	4 284	4 318	4 544	4 338	4 563	5 322	4 562
ii＝1	5 689	5 689	5 689	6 615	—	—	6 139
ii＝2	5 369	5 354	5 730	6 500	6 764	7 119	6 139
ii＝3	4 702	4 740	4 964	5 369	5 815	5 746	5 223
ii＝4	4 275	4 565	4 565	4 921	5 746	5 770	4 974
功耗(μW)							
ii＝自动	266.09	401.99	581.70	692.94	871.58	1 159.39	662.28
ii＝1	302.62	447.47	593.48	984.02	—	—	—
ii＝2	328.87	506.66	732.86	1 082.50	1 368.97	1 658.99	946.48
ii＝3	303.59	487.56	691.56	946.53	1 150.78	1 399.75	829.96
ii＝4	269.90	453.41	613.13	842.26	1 144.32	1 372.90	782.65
能耗(pJ/点)							
ii＝自动	13.30	12.06	13.57	12.12	12.20	13.52	12.80
ii＝1	3.04	2.25	1.99	2.48	—	—	—
ii＝2	6.59	5.08	4.90	5.43	5.49	5.55	5.51
ii＝3	9.12	7.33	6.93	7.11	6.91	7.01	7.40
ii＝4	10.80	9.07	8.18	8.43	9.16	9.16	9.13

表 B. 15　IIR11 Delay 形式＋单端口内存＋Rot 版

频率(MHz)	100	200	300	400	500	600	平均值
面积(μm^2)							
ii＝自动	3 788	3 788	3 790	3 947	4 215	4 478	4 001
ii＝1	5 233	5 233	5 402	6 120	7 191	7 535	6 119
ii＝2	4 365	4 365	4 727	4 763	5 187	7 410	5 136
ii＝3	3 837	3 837	3 837	4 174	4 358	4 984	4 171
ii＝4	3 674	3 674	3 675	4 034	4 237	4 848	4 024
功耗(μW)							
ii＝自动	237.23	365.38	493.68	659.06	852.11	1 041.26	608.12
ii＝1	279.96	417.62	591.80	912.08	1 363.51	1 666.89	871.98
ii＝2	256.58	394.82	611.14	769.90	1 007.03	1 506.18	757.61
ii＝3	239.91	370.83	498.99	729.26	912.57	1 191.70	657.21
ii＝4	227.29	349.92	472.24	685.89	876.65	1 142.58	625.76
能耗(pJ/点)							
ii＝自动	9.49	7.31	6.59	8.24	8.52	8.68	8.14
ii＝1	2.82	2.10	1.99	2.30	2.75	2.80	2.46
ii＝2	5.14	3.96	4.09	3.86	4.04	5.04	4.35
ii＝3	7.21	5.57	5.00	5.48	5.48	5.97	5.78
ii＝4	9.10	7.00	6.30	6.86	7.02	7.62	7.32

表 B.16　IIR11 Delay 形式＋单端口内存＋LU 版

频率(MHz)	100	200	300	400	500	600	平均值
面积(μm^2)							
ii＝自动	5 246	5 381	6 167	5 486	6 067	6 843	5 865
ii＝1	—	—	—	—	—	—	—
ii＝2	—	—	—	—	—	—	—
ii＝3	8 721	9 282	8 415	11 196	13 165	12 539	10 553
ii＝4	7 672	8 133	9 471	8 706	9 873	14 938	9 799
功耗(μW)							
ii＝自动	317.47	495.40	651.82	864.42	1 131.71	1 437.37	816.37
ii＝1	—	—	—	—	—	—	—
ii＝2	—	—	—	—	—	—	—
ii＝3	466.26	756.99	941.42	1 566.12	2 237.58	2 717.25	1 447.60
ii＝4	423.13	669.40	1 011.16	1 234.69	1 675.25	2 509.07	12 53.78
能耗(pJ/点)							
ii＝自动	10.854	8.469	8.172	8.865	10.059	9.827	9.374
ii＝1	—	—	—	—	—	—	—
ii＝2	—	—	—	—	—	—	—
ii＝3	4.816	3.917	3.251	4.064	4.654	4.701	4.234
ii＝4	5.818	4.602	4.641	4.250	4.620	5.758	4.948

表 B.17　IIR11 Delay 形式＋双端口内存＋LU 版

频率(MHz)	100	200	300	400	500	600	平均值
面积(μm^2)							
ii＝自动	5 852	5 830	6 660	5 627	6 080	7 254	6 217
ii＝1	—	—	—	—	—	—	—
ii＝2	—	—	—	—	—	—	—
ii＝3	7 701	8 598	9 232	10 529	11 710	14 166	10 323
ii＝4	8 190	8 707	9 905	11 164	14 744	12 182	10 815
功耗(μW)							
ii＝自动	345.99	527.55	728.72	893.73	1 153.45	1 555.70	867.52
ii＝1	—	—	—	—	—	—	—
ii＝2	—	—	—	—	—	—	—
ii＝3	436.03	765.92	1 057.91	1 548.48	2 003.87	2 959.29	1 461.92
ii＝4	459.91	723.70	1 083.58	1 730.82	2 404.22	2 419.24	1 470.25
能耗(pJ/点)							
ii＝自动	23.10	17.61	16.22	17.90	18.48	19.04	18.72
ii＝1	—	—	—	—	—	—	—
ii＝2	—	—	—	—	—	—	—
ii＝3	8.79	7.73	7.12	7.82	8.09	9.97	8.25
ii＝4	12.33	9.71	9.71	11.65	12.95	10.84	11.20

表 B.18　2 个 IIR11 Normal 形式＋单端口内存＋Reg 版

频率(MHz)	100	200	300	400	500	600	平均值
面积(μm^2)							
ii＝自动	19 302	19 302	19 512	19 595	19 418	20 233	19 560
ii＝1	—	—	—	—	—	—	—
ii＝2	19 927	19 927	20 124	20 272	—	—	20 063
ii＝3	19 862	20 928	19 845	20 951	21 524	21 797	20 818
ii＝4	19 772	19 772	19 609	20 130	20 165	21 084	20 089
功耗(μW)							
ii＝自动	1 406.81	2 552.46	3 740.22	4 903.47	6 008.91	7 307.87	4 319.96
ii＝1	—	—	—	—	—	—	—
ii＝2	1 444.98	2 612.18	3 799.38	5 018.47	—	—	3 218.75
ii＝3	1 439.73	2 670.36	3 795.92	5 038.44	6 278.55	7 763.98	4 497.83
ii＝4	1 446.00	2 613.77	3 759.01	4 896.93	6 139.37	7 673.12	4421.37
能耗(pJ/点)							
ii＝自动	56.30	51.07	62.36	61.32	54.10	67.01	58.69
ii＝1	—	—	—	—	—	—	—
ii＝2	28.94	26.16	25.37	25.13	—	—	26.40
ii＝3	36.03	33.43	31.67	31.53	31.43	32.39	32.75
ii＝4	43.43	39.25	37.63	36.76	36.88	38.41	38.73

表 B.19　2 个 IIR11 Normal 形式＋双端口内存＋Reg 版

频率(MHz)	100	200	300	400	500	600	平均值
面积(μm^2)							
ii＝自动	30 780	30 780	31 393	30 983	31 416	31 691	31 174
ii＝1	—	—	—	—	—	—	—
ii＝2	31 801	31 341	32 273	32 827	—	—	32 061
ii＝3	31 135	31 135	31 529	31 641	32 391	33 526	31 893
ii＝4	30 817	30 817	30 835	31 006	31 595	32 494	31 261
功耗(μW)							
ii＝自动	2 051.68	3 770.78	5 560.85	7 262.54	9 033.84	10 836.94	6 419.44
ii＝1	—	—	—	—	—	—	—
ii＝2	2 091.33	3 847.11	5 778.85	7 516.33	—	—	4 808.41
ii＝3	2 052.96	3 769.39	5 538.04	7 270.66	9 112.21	11 010.21	6 458.91
ii＝4	2 052.90	3 772.54	5 491.37	7 235.07	9 013.45	11 098.81	6 444.02
能耗(pJ/点)							
ii＝自动	61.59	56.60	46.38	72.66	72.31	81.31	65.14
ii＝1	—	—	—	—	—	—	—
ii＝2	31.42	28.91	28.95	28.24	—	—	29.38
ii＝3	41.11	37.74	36.97	36.40	36.50	36.75	37.58
ii＝4	51.37	47.20	45.81	45.26	45.11	46.34	46.85

表 B.20　2 个 IIR11 Normal 形式＋单端口内存＋Rot 版

频率(MHz)	100	200	300	400	500	600	平均值
面积(μm^2)							
ii＝自动	18 862	18 890	18 890	19 213	19 524	19 809	19 198
ii＝1	21 147	21 731	22 090	22 257	22 965	24 691	22 480
ii＝2	19 347	19 544	20 004	19 767	21 476	21 497	20 273
ii＝3	19 319	19 557	19 784	19 933	20 098	21 459	20 025
ii＝4	18 844	18 844	18 844	19 939	20 167	20 690	19 555
功耗(μW)							
ii＝自动	1 383.79	2 524.42	3 653.18	4 839.96	6 057.09	7 254.96	4 285.57
ii＝1	1 456.15	2 688.63	3 941.40	5 167.22	6 525.81	8 229.89	4 668.18
ii＝2	1 401.38	2 579.31	3 835.08	4 974.62	6 547.85	7 657.99	4 499.37
ii＝3	1 390.96	2 539.50	3 746.89	4 891.70	6 084.91	7 569.45	4 370.57
ii＝4	1 380.59	2 513.57	3 638.54	5 014.71	6 247.48	7 426.03	4 370.15
能耗(pJ/点)							
ii＝自动	48.47	44.21	42.65	54.48	54.54	54.44	49.80
ii＝1	21.89	20.22	19.76	19.43	19.63	20.64	20.26
ii＝2	28.07	25.84	25.61	24.92	26.24	25.58	26.04
ii＝3	34.81	31.78	31.27	30.61	30.47	31.58	31.75
ii＝4	41.46	37.74	36.42	37.68	37.55	37.17	38.00

表 B.21　2 个 IIR11 Normal 形式＋单端口内存＋LU 版

频率(MHz)	100	200	300	400	500	600	平均值
面积(μm^2)							
ii＝自动	18 654	18 654	18 850	19 058	19 345	19 816	19 063
ii＝1	—	—	—	—	—	—	—
ii＝2	19 737	19 773	20 707	20 597	21 175	23 579	20 928
ii＝3	19 518	19 595	19 988	20 397	21 876	23 183	20 760
ii＝4	18 867	19 050	19 027	20 505	20 836	21 191	19 913
功耗(μW)							
ii＝自动	1 347.56	2 451.50	3 580.60	4 726.17	5 849.19	7 037.86	4 165.48
ii＝1	—	—	—	—	—	—	—
ii＝2	1 395.15	2 511.49	3 728.09	4 866.40	6 123.48	7 554.92	4 363.26
ii＝3	1 371.82	2 492.97	3 670.14	4 806.87	6 022.76	7 541.23	4 317.63
ii＝4	1 367.23	2 483.92	3 590.58	4 970.67	5 977.13	7 250.94	4 273.41
能耗(pJ/点)							
ii＝自动	94.49	85.95	83.69	94.67	99.59	105.73	94.02
ii＝1	—	—	—	—	—	—	—
ii＝2	55.98	50.39	49.87	48.84	49.17	50.55	50.80
ii＝3	68.75	62.47	61.34	60.25	60.39	63.04	62.71
ii＝4	82.21	74.68	71.96	74.79	71.89	72.69	74.70

表 B. 22　2 个 IIR11 Normal 形式＋双端口内存＋LU 版

频率（MHz）	100	200	300	400	500	600	平均值
面积（μm²）							
ii＝自动	30 463	30 614	31 662	30 709	31 217	31 731	31 066
ii＝1	33 284	33 970	34 956	—	—	—	34 070
ii＝2	31 849	31 881	32 370	33 604	33 311	35 097	33 019
ii＝3	31 425	31 585	31 877	32 145	33 392	33 909	32 389
ii＝4	30 783	30 973	30 915	32 758	32 704	33 541	31 946
功耗（μW）							
ii＝自动	2 014.97	3 711.89	5 444.71	7 133.60	8 900.21	10 637.39	6 307.13
ii＝1	2 145.90	4 004.12	5 963.79	—	—	—	4 037.94
ii＝2	2 076.57	3 793.21	5 568.51	7 364.49	9 211.67	11 259.13	6 545.60
ii＝3	2 055.59	3 776.14	5 549.46	7 239.55	9 181.08	10 911.28	6 452.18
ii＝4	2 046.27	3 765.48	5 473.61	7 322.05	9 028.69	10 936.77	6 428.81
能耗（pJ/点）							
ii＝自动	121.13	111.57	109.11	125.06	124.83	142.07	122.30
ii＝1	43.17	40.32	40.03	—	—	—	41.17
ii＝2	62.56	57.14	55.92	55.47	55.54	56.61	57.21
ii＝3	82.46	75.74	74.25	72.61	73.70	72.99	75.29
ii＝4	102.57	94.38	91.46	91.76	90.55	91.41	93.69

表 B. 23　2 个 IIR11 Factor 形式＋单端口内存＋Reg 版

频率（MHz）	100	200	300	400	500	600	平均值
面积（μm²）							
ii＝自动	18 447	18 443	18 613	19 447	18 821	18 938	18 785
ii＝1	—	—	—	—	—	—	—
ii＝2	19 052	18 503	18 641	19 186	—	—	18 846
ii＝3	18 496	18 491	18 662	18 902	19 261	20 667	19 080
ii＝4	18 472	18 468	18 543	19 214	19 929	19 650	19 046
功耗（μW）							
ii＝自动	1 356.43	2 464.38	3 612.33	4 750.04	5 889.83	7 066.29	4 189.88
ii＝1	—	—	—	—	—	—	—
ii＝2	1 366.36	2 475.55	3 624.36	4 828.47	—	—	3 073.69
ii＝3	1 371.37	2 482.60	3 651.66	4 861.67	6 053.54	7 450.88	4 311.95
ii＝4	1 362.45	2 475.46	3 600.97	4 913.35	6 015.50	7 229.09	4 266.14
能耗（pJ/点）							
ii＝自动	40.72	36.99	42.17	47.52	47.14	58.91	45.58
ii＝1	—	—	—	—	—	—	—
ii＝2	27.36	24.79	24.20	24.18	—	—	25.13
ii＝3	34.32	31.06	30.46	30.42	30.31	31.08	31.27
ii＝4	40.90	37.16	36.04	36.88	36.13	36.19	37.22

表 B.24　2 个 IIR11 Factor 形式＋双端口内存＋Reg 版

频率(MHz)	100	200	300	400	500	600	平均值
面积(μm²)							
ii＝自动	29 956	29 946	30 083	31 038	30 476	30 501	30 334
ii＝1	—	—	—	—	—	—	—
ii＝2	30 706	30 005	30 084	30 324	—	—	30 280
ii＝3	30 000	29 990	30 244	30 540	30 982	31 845	30 600
ii＝4	29 965	29 954	30 119	30 571	31 426	31 305	30 557
功耗(μW)							
ii＝自动	2 007.60	3 699.87	5 417.89	7 127.11	8 861.82	10 578.90	6 282.20
ii＝1	—	—	—	—	—	—	—
ii＝2	2 032.49	3 703.97	5 425.36	7 183.80	—	—	4 586.41
ii＝3	2 009.28	3 701.29	5 442.82	7 246.80	9 005.59	10 910.42	6 386.03
ii＝4	2 006.75	3 697.86	5 419.66	7 250.79	8 991.46	10 796.72	6 360.54
能耗(pJ/点)							
ii＝自动	50.23	46.28	54.21	62.40	62.07	79.38	59.09
ii＝1	—	—	—	—	—	—	—
ii＝2	30.54	27.83	27.18	26.99	—	—	28.14
ii＝3	40.23	37.06	36.33	36.29	36.08	36.43	37.07
ii＝4	50.21	46.26	45.21	45.36	45.01	45.04	46.18

表 B.25　2 个 IIR11 Factor 形式＋单端口内存＋Rot 版

频率(MHz)	100	200	300	400	500	600	平均值
面积(μm²)							
ii＝自动	18 217	18 123	18 178	19 106	18 573	18 523	18 453
ii＝1	18 585	18 831	19 280	19 414	20 091	21 012	19 536
ii＝2	18 233	18 201	18 299	18 359	19 747	20 108	18 825
ii＝3	18 122	18 077	18 194	18 363	19 559	19 167	18 580
ii＝4	18 005	17 911	18 152	18 706	19 588	19 070	18 572
功耗(μW)							
ii＝自动	1 332.70	2 400.63	3 505.68	4 672.49	5 810.34	6 894.57	4 102.74
ii＝1	1 332.16	2 454.75	3 650.96	4 801.15	6 106.62	7 481.30	4 304.49
ii＝2	1 344.94	2 440.61	3 589.68	4 707.09	5 990.01	7 210.75	4 213.85
ii＝3	1 327.93	2 415.77	3 541.70	46 52.11	5 898.29	7 067.96	4 150.63
ii＝4	1 314.10	2 381.56	3 497.75	4 699.24	5 897.48	7 020.98	4 135.19
能耗(pJ/点)							
ii＝自动	40.01	36.04	40.93	46.75	46.51	57.48	44.62
ii＝1	20.03	18.46	18.31	18.06	18.37	18.76	18.66
ii＝2	26.94	24.45	23.97	23.58	24.01	24.09	24.51
ii＝3	33.24	30.23	29.55	29.12	29.54	29.50	30.20
ii＝4	39.46	35.75	35.01	35.28	35.43	35.14	36.01

表 B.26 2 个 IIR11 Factor 形式＋单端口内存＋LU 版

频率(MHz)	100	200	300	400	500	600	平均值
面积(μm^2)							
ii=自动	19 392	18 753	18 776	19 786	18 876	19 175	19 126
ii=1	—	—	—	—	—	—	
ii=2	19 789	18 974	18 908	19 099	19 487	20 343	19 433
ii=3	19 696	18 872	18 820	19 036	20 270	21 028	19 620
ii=4	19 694	18 855	18 852	20 030	19 202	20 765	19 566
功耗(μW)							
ii=自动	1 344.83	2 408.35	3 522.04	4 643.01	5 686.59	6 841.94	4 074.46
ii=1	—	—	—	—	—	—	
ii=2	1 370.33	2 459.38	3 548.89	4 704.13	5 874.72	7 059.25	4 169.45
ii=3	1 359.39	2 440.24	3 525.35	4 676.33	5 846.19	7 060.51	4 151.34
ii=4	1 357.94	2 436.99	3 539.99	4 683.79	5 803.18	6 939.02	4 126.82
能耗(pJ/点)							
ii=自动	94.30	84.43	94.07	104.63	108.21	125.61	101.87
ii=1	—	—	—	—	—	—	
ii=2	55.01	49.37	47.49	47.24	47.19	47.26	48.93
ii=3	68.16	61.17	58.92	58.64	58.67	59.04	60.77
ii=4	81.65	73.26	70.97	70.45	69.84	69.58	72.63

表 B.27 2 个 IIR11 Factor 形式＋双端口内存＋LU 版

频率(MHz)	100	200	300	400	500	600	平均值
面积(μm^2)							
ii=自动	31 198	30 087	30 313	31 238	30 344	30 620	30 634
ii=1	31 410	31 867	32 395	—	—	—	31 891
ii=2	31 453	30 548	30 812	32 980	31 469	32 409	31 612
ii=3	31 444	30 576	30 617	30 585	32 154	32 539	31 319
ii=4	31 308	30 313	30 632	30 677	30 819	30 988	30 790
功耗(μW)							
ii=自动	2 018.47	3 638.24	5 328.16	7 040.24	8 698.99	10 417.98	6 190.35
ii=1	2 033.38	3 811.63	5 613.22	—	—	—	3 819.41
ii=2	2 042.69	3 714.18	5 436.75	7 278.59	8 916.47	10 718.94	6 351.27
ii=3	2 049.69	3 713.25	5 420.56	7 109.98	8 863.43	10 585.12	6 290.34
ii=4	2 035.05	3 686.34	5 410.21	7 088.49	8 814.96	10 512.16	6 257.87
能耗(pJ/点)							
ii=自动	91.04	91.15	106.77	123.43	122.01	156.52	115.15
ii=1	40.83	38.30	37.60	—	—	—	38.91
ii=2	61.52	55.95	54.60	54.87	53.76	53.79	55.75
ii=3	82.21	74.48	72.52	71.34	71.18	70.84	73.76
ii=4	101.97	92.36	90.40	88.83	88.41	87.86	91.64

表 B.28　2 个 IIR11 Delay 形式＋单端口内存＋Reg 版

频率（MHz）	100	200	300	400	500	600	平均值
面积（μm^2）							
ii＝自动	20 523	20 523	20 605	20 755	21 214	21 526	20 858
ii＝1	—	—	—	—	—	—	—
ii＝2	—	—	—	—	—	—	—
ii＝3	21 953	21 741	22 264	22 598	25 733	26 145	23 406
ii＝4	21 311	21 634	21 483	22 826	23 184	25 102	22 590
功耗（μW）							
ii＝自动	1 491.23	2 683.82	3 875.86	5 152.49	6 384.47	7 642.00	4 538.31
ii＝1	—	—	—	—	—	—	—
ii＝2	—	—	—	—	—	—	—
ii＝3	1 567.65	2 770.73	4 024.13	5 377.24	7 098.90	8 294.84	4 855.58
ii＝4	1 516.28	2 738.32	3 976.04	5 359.05	6 627.71	8 367.53	4 764.16
能耗（pJ/点）							
ii＝自动	74.54	67.08	64.58	70.82	70.20	76.39	70.60
ii＝1	—	—	—	—	—	—	—
ii＝2	—	—	—	—	—	—	—
ii＝3	39.23	34.66	33.56	33.64	35.55	34.60	35.21
ii＝4	45.50	41.09	39.78	40.23	39.80	41.87	41.38

表 B.29　2 个 IIR11 Delay 形式＋双端口内存＋Reg 版

频率（MHz）	100	200	300	400	500	600	平均值
面积（μm^2）							
ii＝自动	32 188	32 343	32 374	32 437	32 774	34 329	32 741
ii＝1	—	—	—	—	—	—	—
ii＝2	34 256	34 811	34 351	35 128	35 441	38 082	35 345
ii＝3	33 112	34 045	33 969	34 153	36 366	38 211	34 976
ii＝4	32 944	33 337	33 653	34 147	36 098	36 139	34 387
功耗（μW）							
ii＝自动	2 144.31	3 922.69	5 695.51	7 525.28	9 346.61	11 377.25	6 668.61
ii＝1	—	—	—	—	—	—	—
ii＝2	2 271.61	4 138.67	5 963.53	8 034.01	9 998.11	12 306.62	7 118.76
ii＝3	2 187.36	4 067.16	5 882.61	7 709.76	9 912.32	12 025.77	6 964.16
ii＝4	2 163.46	4 014.75	5 870.55	7 721.42	9 918.47	11 625.19	6 885.64
能耗（pJ/点）							
ii＝自动	96.45	88.22	85.40	94.02	93.42	85.29	90.47
ii＝1	—	—	—	—	—	—	—
ii＝2	34.12	31.08	29.86	30.17	30.04	30.85	31.02
ii＝3	43.77	40.70	39.25	38.58	39.71	40.14	40.36
ii＝4	54.10	50.20	48.94	48.28	49.67	48.47	49.94

表 B.30　2 个 IIR11 Delay 形式＋单端口内存＋Rot 版

频率(MHz)	100	200	300	400	500	600	平均值
面积(μm^2)							
ii＝自动	19 683	19 683	20 894	19 947	20 113	22 670	20 498
ii＝1	23 908	24 710	25 572	26 368	27 951	28 824	26 222
ii＝2	21 553	21 504	23 019	23 362	24 328	25 080	23 141
ii＝3	21 123	21 123	21 930	22 813	23 485	23 749	22 371
ii＝4	20 851	20 851	20 994	21 321	21 961	24 255	21 706
功耗(μW)							
ii＝自动	1 448.42	2 621.14	3 888.96	5 013.40	6 233.61	7 829.73	4 505.88
ii＝1	1 600.27	2 935.09	4 379.96	5 888.61	7 619.24	9 298.58	5 286.96
ii＝2	1 538.83	2 779.41	4 250.30	5 611.13	7 082.45	8 586.69	4 974.80
ii＝3	1 505.64	2 705.22	4 065.77	5 496.62	6 914.42	8 284.11	4 828.63
ii＝4	1 498.47	2 695.49	3 907.83	5 213.33	6 561.47	8 091.63	4 661.37
能耗(pJ/点)							
ii＝自动	65.17	58.97	45.69	62.66	62.32	58.72	58.92
ii＝1	24.06	22.07	21.96	22.15	22.93	23.33	22.75
ii＝2	30.81	27.83	28.38	28.11	28.39	28.68	28.70
ii＝3	37.67	33.84	33.93	34.41	34.63	34.57	34.84
ii＝4	44.98	40.45	39.10	39.13	39.39	40.48	40.59

表 B.31　2 个 IIR11 Delay 形式＋单端口内存＋LU 版

频率(MHz)	100	200	300	400	500	600	平均值
面积(μm^2)							
ii＝自动	22 882	23 639	24 061	23 411	24 241	25 508	23 957
ii＝1	—	—	—	—	—	—	—
ii＝2	—	—	—	—	—	—	—
ii＝3	24 666	26 772	28 373	29 387	32 489	33 033	29 120
ii＝4	23 486	24 413	26 461	25 860	28 719	—	25 788
功耗(μW)							
ii＝自动	1 537.85	2 734.75	4 009.52	5 253.40	6 506.20	7 928.43	4 661.69
ii＝1	—	—	—	—	—	—	—
ii＝2	—	—	—	—	—	—	—
ii＝3	1 618.84	2 874.33	4 285.68	5 834.12	7 231.50	9 514.79	5 226.54
ii＝4	1 577.29	2 784.64	4 226.09	5 372.41	6 871.78	—	4 166.44
能耗(pJ/点)							
ii＝自动	92.44	82.19	89.24	96.47	104.28	105.88	95.08
ii＝1	—	—	—	—	—	—	—
ii＝2	—	—	—	—	—	—	—
ii＝3	65.02	57.71	57.42	58.64	58.15	63.90	60.14
ii＝4	73.84	65.18	65.99	62.91	64.42	—	66.47

表 B.32　2 个 IIR11 Delay 形式＋双端口内存＋LU 版

频率(MHz)	100	200	300	400	500	600	平均值
面积(μm^2)							
ii＝自动	36 490	36 027	36 059	35 282	36 264	38 726	36 475
ii＝1	—	—	—	—	—	—	—
ii＝2	36 408	37 894	40 981	40 903	43 654	—	39 968
ii＝3	38 737	39 210	40 311	41 776	41 382	—	40 283
ii＝4	35 517	37 451	36 847	40 422	44 739	47 332	40 385
功耗(μW)							
ii＝自动	2 257.26	4 023.42	5 873.35	7 668.34	9 569.39	11 605.46	6 832.87
ii＝1	—	—	—	—	—	—	—
ii＝2	2 250.13	4 132.28	6 201.01	8 052.26	10 113.53	—	6 149.84
ii＝3	2 374.05	4 128.75	6 112.56	8 179.88	9 935.48	—	6146.14
ii＝4	2 245.73	4 102.87	5 924.62	8 287.98	10 360.94	12 336.39	7 209.76
能耗(pJ/点)							
ii＝自动	105.52	100.74	98.06	108.84	108.66	109.82	105.27
ii＝1	—	—	—	—	—	—	—
ii＝2	52.77	48.45	48.47	47.25	47.47	—	48.88
ii＝3	71.50	62.15	61.46	61.63	59.87	—	63.32
ii＝4	82.58	75.44	72.68	76.44	76.32	75.73	76.53

表 B.33　IIR1＋流水线 Normal 形式＋单端口内存＋Reg 版

频率(MHz)	100	200	300	400	500	600	平均值
面积(μm^2)							
ii＝自动	4 144	4 663	4 529	4 374	4 724	4 989	4 571
ii＝1	—	—	—	—	—	—	—
ii＝2	5 321	6 183	5 718	6 372	—	—	5 899
ii＝3	4 637	4 684	4 690	5 015	6 184	8 277	5 581
ii＝4	4 020	4 486	4 051	4 563	5 378	7 125	4 937
功耗(μW)							
ii＝自动	262.50	436.01	547.94	733.19	958.88	1 161.78	683.38
ii＝1	—	—	—	—	—	—	—
ii＝2	298.02	562.61	794.00	998.26	—	—	663.22
ii＝3	277.63	451.88	577.90	786.27	1 164.65	1 955.01	868.89
ii＝4	263.41	418.60	550.94	784.13	1 075.17	1 677.82	795.01
能耗(pJ/点)							
ii＝自动	13.15	8.74	7.32	12.85	13.45	15.52	11.84
ii＝1	—	—	—	—	—	—	—
ii＝2	5.98	5.65	5.32	5.01	—	—	5.49
ii＝3	8.35	6.80	5.80	5.91	7.01	9.83	7.28
ii＝4	10.56	8.39	7.36	7.86	8.62	11.22	9.00

表 B.34　IIR11＋流水线 Normal 形式＋双端口内存＋Reg 版

频率（MHz）	100	200	300	400	500	600	平均值
面积（μm^2）							
ii＝自动	3 862	3 862	4 015	3 994	4 140	4 421	4 049
ii＝1	—						
ii＝2	4 404	4 473	4 544	4 835	—	—	4 564
ii＝3	4 690	4 263	4 685	4 504	5 923	6 494	5 093
ii＝4	4 023	4 290	4 023	4 228	5 358	6 744	4 778
功耗（μW）							
ii＝自动	247.57	382.66	532.02	676.07	846.60	1 044.29	621.54
ii＝1	—	—	—	—	—	—	—
ii＝2	269.74	418.96	577.83	799.39	—	—	516.48
ii＝3	274.63	378.81	572.44	702.97	1 130.89	1 407.39	744.52
ii＝4	262.54	373.78	551.76	730.51	1 164.36	1 515.06	766.34
能耗（pJ/点）							
ii＝自动	12.40	9.59	8.88	10.16	10.18	10.46	10.28
ii＝1	—	—	—	—	—	—	—
ii＝2	5.42	4.21	3.87	4.01	—	—	4.38
ii＝3	8.26	5.70	5.74	5.29	6.81	7.06	6.48
ii＝4	10.53	7.49	7.37	7.32	9.35	10.13	8.70

表 B.35　IIR11＋流水线 Normal 形式＋单端口内存＋Rot 版

频率（MHz）	100	200	300	400	500	600	平均值
面积（μm^2）							
ii＝自动	4 071	4 111	4 111	4 371	4 726	5 003	4 399
ii＝1	6 511	7 074	7 410	7 589	8 204	9 898	7 781
ii＝2	4 694	5 040	5 661	5 206	6 632	6 946	5 697
ii＝3	4 659	4 937	5 287	5 316	5 475	6 556	5 372
ii＝4	4 172	4 172	4 172	4 899	5 463	5 869	4 791
功耗（μW）							
ii＝自动	262.63	412.57	553.85	741.40	972.58	1 173.71	686.12
ii＝1	346.46	594.55	860.96	1 103.96	1 464.17	2 172.49	1 090.43
ii＝2	290.89	486.00	792.91	925.57	1 380.90	1 647.56	920.64
ii＝3	280.18	448.62	680.61	834.93	1 048.98	1 465.91	793.21
ii＝4	269.62	418.95	560.44	832.56	1 201.25	1 388.32	778.52
能耗（pJ/点）							
ii＝自动	13.16	10.33	9.25	13.00	13.64	13.72	12.18
ii＝1	3.49	3.00	2.90	2.78	2.96	3.66	3.13
ii＝2	5.84	4.88	5.31	4.65	5.55	5.52	5.29
ii＝3	8.43	6.75	6.83	6.28	6.31	7.35	6.99
ii＝4	10.81	8.40	7.49	8.35	9.65	9.28	9.00

表 B.36　IIR11＋流水线 Normal 形式＋单端口内存＋LU 版

频率(MHz)	100	200	300	400	500	600	平均值
面积(μm^2)							
ii＝自动	4 681	5 244	4 775	5 006	5 251	5 675	5 105
ii＝1	—						—
ii＝2	7 000	7 505	8 844	9 432	9 186	12 142	9 018
ii＝3	6 737	6 234	7 531	8 342	8 540	11 217	8 100
ii＝4	6 367	5 685	8 227	8 470	6 740	8 877	7 394
功耗(μW)							
ii＝自动	294.52	457.84	618.77	846.81	1 069.81	1 325.37	768.85
ii＝1	—						—
ii＝2	381.31	653.67	1 068.54	1 439.02	1 649.81	2 435.02	1 271.23
ii＝3	370.66	553.84	962.59	1 300.62	1 598.24	2 337.04	1 187.17
ii＝4	367.18	521.22	998.74	1 340.21	1 349.64	1 959.45	1 089.41
能耗(pJ/点)							
ii＝自动	26.59	18.37	18.62	23.35	23.60	24.37	22.48
ii＝1	—	—	—	—	—	—	—
ii＝2	7.69	6.59	7.19	7.27	6.66	8.20	7.27
ii＝3	11.19	8.36	9.69	9.82	9.66	11.77	10.08
ii＝4	14.76	10.48	13.39	13.49	10.86	13.15	12.69

表 B.37　IIR11＋流水线 Normal 形式＋双端口内存＋LU 版

频率(MHz)	100	200	300	400	500	600	平均值
面积(μm^2)							
ii＝自动	4 778	5 379	5 349	5 335	5 387	5 873	5 350
ii＝1	11 087	11 211	12 610	—	—	—	11 636
ii＝2	9 228	8 881	9 576	9 436	12 782	14 971	10 812
ii＝3	7 130	7 962	8 441	9 444	8 999	11 368	8 891
ii＝4	5 920	8 334	5 847	7 915	7 787	11 340	7 857
功耗(μW)							
ii＝自动	299.30	460.26	617.01	896.41	1 095.20	1 358.25	787.74
ii＝1	537.44	805.29	1 335.87	—	—	—	892.87
ii＝2	501.29	806.03	1 350.14	1 523.83	2 541.56	3 239.11	1 660.33
ii＝3	395.17	676.72	1 103.37	1 567.77	1 667.80	2 419.58	1 305.07
ii＝4	356.36	648.23	716.88	1 340.64	1 493.41	2 477.56	1 172.18
能耗(pJ/点)							
ii＝自动	27.02	16.16	16.51	24.72	24.16	24.97	22.26
ii＝1	5.47	4.10	4.54	—	—	—	4.70
ii＝2	10.11	8.13	9.08	7.69	10.29	10.93	9.37
ii＝3	11.92	10.22	11.12	11.87	10.08	12.19	11.23
ii＝4	14.33	13.03	9.61	13.50	12.01	16.64	13.19

表 B.38　IIR11＋流水线 Factor 形式＋单端口内存＋Reg 版

频率(MHz)	100	200	300	400	500	600	平均值
面积(μm²)							
ii＝自动	3 448	3 438	3 635	4 410	3 852	4 035	3 803
ii＝1	—						—
ii＝2	4 122	4 624	3 816	4 051	—	—	4 153
ii＝3	3 563	3 603	3 726	4 166	4 401	5 650	4 185
ii＝4	3 442	3 432	3 813	4 153	4 326	4 776	3 990
功耗(μW)							
ii＝自动	212.53	315.77	453.39	596.48	720.09	862.68	526.82
ii＝1	—						—
ii＝2	238.58	404.68	541.99	749.99	—	—	483.81
ii＝3	226.95	348.72	497.78	728.81	910.03	1 192.72	650.84
ii＝4	212.80	316.06	487.04	711.69	887.92	1 117.38	622.15
能耗(pJ/点)							
ii＝自动	8.71	6.47	7.74	9.16	8.85	11.77	8.78
ii＝1	—	—	—	—	—	—	—
ii＝2	4.90	4.16	3.71	3.85	—	—	4.15
ii＝3	6.98	5.36	5.10	5.60	5.60	6.11	5.79
ii＝4	8.72	6.47	6.65	7.29	7.28	7.64	7.34

表 B.39　IIR11＋流水线 Factor 形式＋双端口内存＋Reg 版

频率(MHz)	100	200	300	400	500	600	平均值
面积(μm²)							
ii＝自动	3 345	3 345	3 515	4 446	3 963	4 258	3 812
ii＝1	—	—					—
ii＝2	3 531	3 531	3 661	3 883	—	—	3 652
ii＝3	3 341	3 341	3 680	3 740	4 007	4 374	3 747
ii＝4	3 367	3 367	3 467	3 573	4 044	4 498	3 719
功耗(μW)							
ii＝自动	202.46	307.17	445.29	630.93	783.24	925.48	549.10
ii＝1	—						—
ii＝2	225.12	345.37	506.34	699.35	—	—	444.05
ii＝3	203.00	307.52	481.87	619.77	801.69	1 018.29	572.02
ii＝4	201.27	303.78	441.90	569.93	800.01	1 020.49	556.23
能耗(pJ/点)							
ii＝自动	6.09	4.62	5.95	7.90	7.85	10.82	7.20
ii＝1	—						—
ii＝2	4.52	3.47	3.39	3.51	—	—	3.72
ii＝3	6.11	4.62	4.83	4.66	4.83	5.11	5.03
ii＝4	8.07	6.09	5.90	5.71	6.42	6.82	6.50

表 B.40　IIR11＋流水线 Factor 形式＋单端口内存＋Rot 版

频率(MHz)	100	200	300	400	500	600	平均值
面积(μm^2)							
ii＝自动	3 431	3 337	3 514	4 315	3 732	3 945	3 712
ii＝1	3 942	4 184	4 636	4 784	5 368	6 399	4 886
ii＝2	3 577	3 538	3 633	3 744	5 049	5 381	4 154
ii＝3	3 449	3 416	3 524	3 757	4 900	4 482	3 921
ii＝4	3 343	3 246	3 569	4 086	4 857	4 440	3 924
功耗(μW)							
ii＝自动	210.42	287.54	434.86	577.10	710.39	845.48	510.97
ii＝1	221.93	359.47	572.44	740.74	1 048.84	1 459.14	733.76
ii＝2	234.52	344.19	507.72	660.22	933.76	1 159.92	640.06
ii＝3	216.13	321.78	463.33	630.13	855.31	1 034.25	586.82
ii＝4	203.21	287.72	446.78	642.25	839.34	997.14	569.41
能耗(pJ/点)							
ii＝自动	8.44	5.76	7.26	8.67	8.54	11.29	8.33
ii＝1	2.24	1.81	1.93	1.87	2.12	2.46	2.07
ii＝2	4.71	3.46	3.40	3.32	3.76	3.89	3.75
ii＝3	6.50	4.84	4.65	4.74	5.15	5.19	5.18
ii＝4	8.15	5.77	5.97	6.44	6.73	6.67	6.62

表 B.41　IIR11＋流水线 Factor 形式＋单端口内存＋LU 版

频率(MHz)	100	200	300	400	500	600	平均值
面积(μm^2)							
ii＝自动	4 922	6 085	5 181	7 153	5 924	6 478	5 957
ii＝1	—	—	—	—	—	—	—
ii＝2	5 210	5 488	5 925	6 081	7 450	—	6 031
ii＝3	5 012	5 465	5 627	6 574	8 595	9 294	6 761
ii＝4	5 024	5 418	6 241	7 304	7 396	7 965	6 558
功耗(μW)							
ii＝自动	262.18	469.97	555.81	802.71	1 045.64	1 277.72	735.67
ii＝1	—	—	—	—	—	—	—
ii＝2	317.36	547.86	746.77	1 011.19	1 472.23	—	819.08
ii＝3	282.39	498.30	651.83	926.87	1 363.41	1 632.31	892.52
ii＝4	288.82	530.97	638.43	849.11	1 150.30	1 474.02	821.94
能耗(pJ/点)							
ii＝自动	13.16	14.15	14.87	16.11	18.88	25.63	17.13
ii＝1	—	—	—	—	—	—	—
ii＝2	6.41	5.54	5.04	5.12	5.96	—	5.61
ii＝3	8.53	7.53	6.57	7.01	8.26	8.24	7.69
ii＝4	11.61	10.68	8.57	8.55	9.27	9.89	9.76

表 B.42　IIR11＋流水线 Factor 形式＋双端口内存＋LU 版

频率(MHz)	100	200	300	400	500	600	平均值
面积(μm^2)							
ii＝自动	4 808	5 351	5 343	7 288	6 123	6 442	5 893
ii＝1	6 647	7 762	8 435	—	—	—	7 615
ii＝2	5 210	5 607	5 461	6 149	7 904	—	6 066
ii＝3	5 207	6 687	5 624	6 486	8 225	9 449	6 946
ii＝4	4 923	5 719	6 463	6 886	6 437	7 941	6 395
功耗(μW)							
ii＝自动	266.19	502.34	611.58	845.63	1 122.19	1 222.99	761.82
ii＝1	369.33	704.36	1 104.21	—	—	—	725.97
ii＝2	341.93	603.19	814.28	1 211.21	1 877.66	—	969.65
ii＝3	323.31	650.49	782.96	1 120.01	1 494.50	1 981.94	1 058.87
ii＝4	288.71	584.06	782.07	1 031.46	1 394.01	2 009.33	1 014.94
能耗(pJ/点)							
ii＝自动	10.69	12.61	14.32	14.85	18.01	22.49	15.49
ii＝1	3.75	3.59	3.75	—	—	—	3.70
ii＝2	6.90	6.09	5.48	6.12	7.59	—	6.44
ii＝3	9.76	9.81	7.89	8.47	9.04	9.99	9.16
ii＝4	11.60	11.74	10.49	10.38	11.22	13.48	11.48

表 B.43　IIR11＋流水线 Delay 形式＋单端口内存＋Reg 版

频率(MHz)	100	200	300	400	500	600	平均值
面积(μm^2)							
ii＝自动	5 497	5 497	5 584	5 882	6 172	6 658	5 882
ii＝1	—	—	—	—	—	—	—
ii＝2	9 540	9 598	9 073	10 190	12 747	—	10 230
ii＝3	6 281	6 542	7 688	8 751	9 118	10 238	8 103
ii＝4	6 099	6 414	6 663	7 737	9 015	11 525	7 909
功耗(μW)							
ii＝自动	356.21	553.67	750.87	1 007.34	1 282.57	1 580.31	921.83
ii＝1	—	—	—	—	—	—	—
ii＝2	582.19	901.97	1 126.22	1 602.14	2 574.57	—	1 357.42
ii＝3	395.41	624.04	1050.73	1 492.77	1 847.69	2 305.99	1 286.11
ii＝4	378.31	605.97	878.61	1 269.18	1 710.08	2 681.64	1 253.97
能耗(pJ/点)							
ii＝自动	24.96	19.39	17.53	22.68	23.10	21.09	21.46
ii＝1	—	—	—	—	—	—	—
ii＝2	11.70	9.06	7.54	8.05	10.36	—	9.34
ii＝3	11.89	9.38	10.54	11.23	11.12	11.57	10.96
ii＝4	15.15	12.14	11.73	12.72	13.71	17.93	13.90

表 B. 44　IIR11＋流水线 Delay 形式＋双端口内存＋Reg 版

频率(MHz)	100	200	300	400	500	600	平均值
面积(μm^2)							
ii＝自动	5 296	6 193	5 528	5 994	6 444	6 979	6 072
ii＝1	9 764	10 501	11 604	12 844	—	—	—
ii＝2	7 512	7 607	8 452	9 731	9 836	—	8 628
ii＝3	6 340	6 502	6 977	7 228	8 338	8 278	7 277
ii＝4	6 676	6 380	6 615	8 857	8 986	—	7 503
功耗(μW)							
ii＝自动	344.74	574.68	737.22	1 035.27	1 331.45	1 664.10	947.91
ii＝1	521.98	886.05	1 407.70	2 073.99	—	—	—
ii＝2	478.61	743.49	1 197.77	1 762.60	2 083.95	—	1 253.28
ii＝3	393.14	629.05	969.94	1 219.80	1 702.00	2 029.40	1 157.22
ii＝4	424.11	606.02	855.52	1 498.63	1 947.06	—	1 066.27
能耗(pJ/点)							
ii＝自动	24.15	14.38	17.21	20.72	21.32	22.20	20.00
ii＝1	5.26	4.46	4.73	5.24	—	—	—
ii＝2	9.60	7.46	8.02	8.85	8.37	—	8.46
ii＝3	11.82	9.45	9.72	9.17	10.24	10.18	10.10
ii＝4	16.99	12.14	11.42	15.02	15.62	—	14.24

表 B. 45　IIR11＋流水线 Delay 形式＋单端口内存＋Rot 版

频率(MHz)	100	200	300	400	500	600	平均值
面积(μm^2)							
ii＝自动	4 741	4 741	6 121	5 050	5 283	6 303	5 373
ii＝1	9 127	9 935	10 744	11 558	13 138	14 007	11 418
ii＝2	6 767	6 724	8 271	8 716	9 526	10 611	8 436
ii＝3	6 010	6 010	6 415	8 350	8 471	9 650	7 484
ii＝4	6 056	6 056	6 386	7 327	7 948	9 518	7 215
功耗(μW)							
ii＝自动	314.72	490.83	771.52	893.52	1 125.09	1 518.38	852.34
ii＝1	478.67	825.60	1 275.58	1 791.07	2 532.62	3 230.68	1 689.04
ii＝2	415.49	663.83	1 144.58	1 534.48	2 019.83	2 601.70	1 396.65
ii＝3	367.87	571.00	875.87	1 473.74	1 789.96	2 244.42	1 220.48
ii＝4	375.73	581.77	848.41	1 278.45	1 679.13	2 046.91	1 135.07
能耗(pJ/点)							
ii＝自动	22.05	17.19	12.87	17.88	18.01	20.26	18.05
ii＝1	4.82	4.16	4.29	4.53	5.12	5.45	4.73
ii＝2	8.34	6.66	7.66	7.71	8.12	8.71	7.87
ii＝3	11.06	8.58	8.78	11.09	10.78	11.26	10.26
ii＝4	15.05	11.66	11.33	12.82	13.47	13.67	13.00

表 B.46 IIR11＋流水线 Delay 形式＋单端口内存＋LU 版

频率（MHz）	100	200	300	400	500	600	平均值
面积（μm²）							
ii＝自动	8 057	8 057	6 973	7 159	9 616	12 288	8 692
ii＝1	—	—	—	—	—	—	—
ii＝2	—	—	—	—	—	—	—
ii＝3	14 639	17 383	18 866	20 251	23 925	—	19 013
ii＝4	12 931	12 805	15 038	16 650	21 216	25 018	17 276
功耗（μW）							
ii＝自动	454.67	680.59	866.91	1 158.20	1 626.67	2 294.62	1 180.28
ii＝1	—	—	—	—	—	—	—
ii＝2	—	—	—	—	—	—	—
ii＝3	768.43	1457.15	2 109.63	2 853.21	4 271.14	—	2 291.91
ii＝4	666.04	1 026.47	1 603.16	2 321.24	3 400.67	5 038.10	2 342.61
能耗（pJ/点）							
ii＝自动	51.69	38.68	36.71	38.72	43.51	46.04	42.56
ii＝1	—	—	—	—	—	—	—
ii＝2	—	—	—	—	—	—	—
ii＝3	15.61	14.84	14.31	14.56	17.45	—	15.36
ii＝4	17.96	13.84	14.43	15.67	18.41	22.76	17.18

表 B.47 IIR11＋流水线 Delay 形式＋双端口内存＋LU 版

频率（MHz）	100	200	300	400	500	600	平均值
面积（μm²）							
ii＝自动	7 380	10 967	8 780	7 517	9 500	10 928	9 179
ii＝1	—	—	—	—	—	—	—
ii＝2	15 699	18 074	19 193	22 028	26 321	—	20 263
ii＝3	13 917	14 809	17 765	18 191	22 304	—	17 397
ii＝4	13 503	14 920	14 113	—	21 101	—	15 909
功耗（μW）							
ii＝自动	469.37	897.27	1 061.27	1 225.10	1 675.65	2 224.22	1 258.81
ii＝1	—	—	—	—	—	—	—
ii＝2	820.78	1 489.16	2 132.00	3 189.00	4 793.00	—	2 484.79
ii＝3	719.69	1 105.59	1 968.32	2 663.43	3 698.57	—	2 031.12
ii＝4	718.47	1 192.50	1 527.86	—	3 193.56	—	1 658.10
能耗（pJ/点）							
ii＝自动	59.61	42.02	44.94	40.95	44.81	44.62	46.16
ii＝1	—	—	—	—	—	—	—
ii＝2	11.16	10.14	9.65	10.86	13.06	—	10.97
ii＝3	14.58	11.22	13.28	13.50	15.00	—	13.51
ii＝4	19.35	16.09	13.71	—	17.20	—	16.59